TREE DOCTOR HANDBOOK

树木医生手册

一本为园林树木种植养护者答疑解惑的工具书

丛日晨　李延明　弓清秀等◎著

中国林业出版社

图书在版编目(CIP)数据

树木医生手册 / 丛日晨等著. -- 北京 :中国林业出版社，2017.4（2021.9重印）
ISBN 978-7-5038-8952-3

Ⅰ.①树… Ⅱ.①丛… Ⅲ.①树木-病虫害防治-手册
Ⅳ.①S763.7-62

中国版本图书馆CIP数据核字（2017）第074503号

北京市园林培训计划

责任编辑：何增明　张华

出版　中国林业出版社（100009　北京西城区德内大街刘海胡同 7 号）
　　　　http: //lycb.forestry.gov.cn　电话：（010)83143566
发行　中国林业出版社
印刷　河北京平诚乾印刷有限公司
版次　2017 年 4 月第 1 版
印次　2021 年 9 月第 2 次印刷
开本　889mm × 1194mm　1/20
印张　13.5
字数　326 千字
定价　88.00 元

著者名单

丛日晨　李延明　弓清秀　李子敬

舒健骅　巢　阳　王永格　仇兰芬

董爱香　陈林晶　孙宏彦　王茂良

序

本人从业30余年，也曾在植物园工作过5年，深知植物多样性是地球上一切生命赖以生存的基础，保护植物就是保护人类自己，但具体到如何养树却知之甚少。受从博士之命，为其大作写序，心里不免有些忐忑。但是，作为一名园林工作者，我深谙健康的树木对城市的景观和生态环境之不可或缺，我也明晓，由于受城市环境变迁与各种人为活动的影响，在城市中把树养好又是多么的不容易。北京有4万余株古树，其中2/3在历史名园，近一半分布在城市中，这些活的文物，用生命记载着这座古都的历史变迁，讲述着一个个传奇的故事，“半城宫墙半城树”曾是老北京生动的写照。因此，对于树木特别是古树名木细心专业的养护显得尤为重要。

俗语“三分种、七分养”表达了城市种树应遵之法。唐柳宗元《种树郭橐驼传》中生动地记述了树木栽植之法，其核心是“能顺木之天以致其性焉尔”，并引出了为官扶民之法。树木的养护对于一个城市可持续健康发展极其重要，但重栽植轻养护的现象却屡见不鲜，特别是为了短期见效违背树木的自然生长规律的栽植更是比比皆是，给后期树木健康生长造成很大障碍。怎样识别树木发生问题的原因、怎样解决这些问题等等，一直没有一个专业的、权威的解答。

我与从博士相识已近20余年，他勤奋、睿智、好学，执着追求，热衷于做树木医生，长期从事科研工作，是一个能把理论用于实践而又能在实践中总结理论的学者。这本手册，是他和同事们几十年的科研与实践成果积累的结晶，把自己、本单位和行业在树木养护方面的经验、教训加以提炼和总结，以严谨、科学的态度，并以医生的方式，陈述给读者，有着很强的实践指导意义。

“十年树木，百年树人”，树之道亦人之道也。我相信此书会成为园林、林业行业从业人员的手边书、口袋书，我也乐见，此书提供的处方，能使城市树木的养护水平不断提升。更希望著者能够进一步从实践中总结提炼，不断补充与丰富相关内容，为树木的健康持续努力，为我们城市的未来留下更多的古树名木，荫及子孙，造福后代。

李炜民

2017年4月12日

前言

城市树木的景观贡献率和生态贡献率占城市总体绿色植物的80%以上。但是，由于城市树木的客观生长环境与自身生长的需求存在着诸多矛盾，我国各城市尤其是北方城市每年都有不同程度的树木衰弱或死亡现象发生，降低了城市树木的景观功能和生态功能。如近年来，北方城市普遍发生的银杏夏季焦叶、油松和白皮松衰弱或死亡以及柳树等浅根系树木的大量倒伏等问题，已经引起了行业一线单位和管理部门的高度重视，如何采取切实可行的措施，保护城市绿化成果，特别是树木绿化成果，是当前我国城市急需解决的问题。

准确地诊断、判明导致衰弱的原因，是进行树木保护和复壮的前提。树木生长势衰弱与其生长的特定区域环境、栽培手段、树体本身的特性存在着密切的相关性，进行树木衰弱诊断，就是从上述三方面入手，由表及里，界定导致树木衰弱的原因，为进行树木复壮提供理论和技术支持。

本书总结了近年来北京树木衰弱诊断和复壮方面的一些最新经验和技术。第一章是树木衰弱及导致树木衰弱的原因，从宏观上阐述了树木衰弱的概念和导致树木衰弱的原因，并对进行树木衰弱诊断前应注意的问题进行了诠释；第二章是树木的地上部异常诊断，按症状特征对导致树木叶片、树冠、树干异常的原因进行了分析；第三章是树木地下部异常诊断，包括树木根系和根系环境异常诊断以及树木土壤养分分析两部分内容；第四章是树木栽植环境对树木的影响，主要阐述树木的地上与地下环境与树木衰弱的关系；第五章讲述了树木复壮的一般方法，包括比较受关注的地下部环境改良、深层补水技术以及树干修补问题；第六章是各论，选择了北方最重要的油松、银杏等13个树种，就它们在城市中易出现的问题及复壮方法进行了详细分析。另外，在附表中，对其他50余种北方常见园林植物的习性、栽培要点以及典型问题及其解决办法进行了归纳总结。

本书以事实说话，文中引用了作者及其团队近年来在树木衰弱诊断和复壮方面的大量案例，图文并茂，一目了然；同时还引用了大量的背景知识，力求通过树体表象和大量相关资料，引导读者抓住核心问题，从而寻求可能的解决方案。但是由于时间仓促，加之水平有限，不足之处，望请广大读者批评指正。

2017年4月8日

目录

第1章 | 树木衰弱及导致树木衰弱的原因

1.1 树木衰弱和树木衰老

1.1.1 树木衰弱

树木衰弱泛指树木在生长发育过程中，受到有害生物的侵害（如病原微生物、寄生线虫、有害昆虫以及螨类等），或环境条件不适宜（土壤、水分、温度、湿度、光照等多种生态因子），或者由于人为的负面影响，使原本正常生长的植株表现为生长势衰弱的现象。如果不采取相应措施，任其发展，树木就会重度衰弱，甚至死亡。生长衰弱现象，不仅发生在数百年生乃至千年生的古树名木上，大树、幼树也会发生。

健康生长的树木，一旦由于某种原因而引起生长衰弱时，就会出现出某种异常现象，我们把各类异常现象称作症状（如图1-1）。认识树木生长衰弱的症状，尤其是那些轻微的或不太明显但又重要的症状，对在实际中开展调查和研究工作非常有利。它不仅便于我们及时发现问题，及时分析原因，而且有助于我们不失时机地开展复壮工作，促使树木恢复生长。

◀ 图1-1　因环境胁迫导致未老先衰的树木（王永格 摄）

图中发生焦叶的银杏是在北方城市的夏季行道常见到的现象。从图可以看出，该银杏树堰被铺装包围，而且树堰中的土基本上与铺装持平，这样会导致灌水或雨水不能有效地下渗和存留。推测是过度的铺装和干旱导致这株银杏未老先衰。

1.1.2 衰老和衰弱的关系

任何树木都要经历生长、发育、衰老、死亡的过程，这是自然界的客观规律，不可抗拒。树木衰老，主要应从生物学角度上去理解，这是植物细胞程序化死亡的一个过程。树木由衰老到死亡不是简单的时间推移过程，而是复杂的生理、生化与生态环境相互影响的一个动态变化过程，是树种自身遗传因素、环境因素以及人为因素作用的综合结果；树木衰弱更多的是指在树木未到达生命的末期或衰老期时，由于受环境或人类活动的影响而导致的生命状态的萎缩。本书只探讨衰弱问题。

▶ 图1-2　衰老的山西介休秦柏（丛日晨 摄）

▶ 图1-3　衰老的古槐树的树干和依然枝繁叶茂的树冠（丛日晨 摄）

百年以上的槐树树干髓心基本上会衰老坏死，这就是通常所说的“十槐九空”。但是，从图中可以看出，尽管这株槐树的髓心已经衰老坏死，却仍然枝繁叶茂，这就引出了一个话题，一株槐树到底能活多少年？它从多少年开始才进入生命的末期？遗憾的是，目前科学界还不能回答这些问题。

1.2 导致树木衰弱的原因

树木在其漫长的生长过程中，难免会遭受一些人为和自然的破坏，导致树势衰弱。造成树木衰弱的原因主要有以下几点。

1.2.1 自然因素导致的衰弱

自然因素导致的衰弱分为以下几种。

- 虫害导致树木衰弱。害虫的刺吸、蚕食、蛀食等，会导致树体营养流失或树体疏导组织破坏，造成树木生长发育不良。

- 病害导致树木衰弱。一些真菌或细菌导致的侧柏叶凋病、松针枯病等，会大大降低这两种树木叶片的光合效率，导致树势衰弱。一些生理性病害，如缺铁症等，也会降低叶片中叶绿素的含量，进而影响光合作用，导致树木衰弱。
- 干旱导致树木衰弱。干旱会造成树木生长迟缓，部分枝端枯死；持久的干旱，使得树木发芽迟，枝叶生长量小，枝的节间变短，叶片因失水而发生卷曲；严重者可使树木落叶，小枝枯死。当树木遭受干旱时，最易遭病虫侵袭，从而导致树木衰弱。北京市园林科学研究院研究结果表明，土壤自然含水量在15%～17%的情况下有利于松、柏等古树的根系吸收水分、生长。当自然含水量低于7%（黏土）和5%（砂土）时会导致树木根系干旱而死亡。
- 积水导致树木衰弱。生长在地势低洼处的树木在雨季易发生积水现象，在实践中发现，若树木处于土壤经常积水的环境，会导致叶片稀疏、夏季掉叶或物候期紊乱的现象。研究表明，当土壤自然含水量在20%以上时，松柏类古树根系将停止生长，持续时间足够长时会造成烂根。
- 树干腐朽导致树木衰弱。树皮腐朽会导致叶片合成的养分向下运输的途径中断，使根系处于饥饿状态，进而引起根系大量死亡，导致树木衰弱。在实践中发现，树干上一整圈树皮死亡的阔叶大树或古树，一般会在当年或第二年死亡。木质部坏死也会导致树木衰弱，因为死亡部分中断了水分和矿物质向上运输的通道。但是对于形成层活力很强的国槐等树种来说，又是另一种情况。在实践中发现，百年以上树龄的国槐的树干基本上是中空的，正是所谓的“十槐九空”，但是国槐照样枝繁叶茂，这是因为旺盛的形成层分生出了新的材质，形成了通畅的水分和矿物质的运输通道。
- 郁闭导致树木衰弱。有些强阳性树，如果其周围速生树种的生长高度超过了它的高度，久而久之，这种阳性树会因光照不足而衰弱。在北京某公园的一株古油松，因被其他树冠捂罩，日照长度不够，光照强度也严重不足，表现为针叶短而稀疏，经技术人员对其周边的树木清理后，打开了天窗，树体的生长状况得到了明显的改善。

- 冻害导致树木衰弱。2009年北京冬季气温低，直接导致了紫薇、石榴、雪松等外来树种因冻害而死亡。气温低对树木的影响还表现为冻破干皮，为真菌、细菌等侵染创造了条件，如海棠类植物易发生的腐烂病，常是因树皮冻裂，继而感染真菌所致。

1.2.2 人为活动导致的衰弱

大多数树木生长在街道、公园或风景名胜区等人们活动所及的区域，在这些区域，由于人们的活动十分频繁，导致树木的生长环境恶化，加速了树木衰弱。一般人为活动的影响表现在以下几个方面。

- 人为践踏导致土壤密实。土壤是树木生存生长的重要基础之一。由于人为活动造成一些树木周围的地面受到大量频繁的践踏，使得本来就缺乏耕作条件的土壤，密实度日趋增高，导致土壤板结，土壤团粒结构遭到破坏，透气性能及自然含水量降低，树木根系呼吸困难，须根减少且无法伸展。土壤理化性质恶化，是造成树木树势衰弱的直接原因之一。北京市园林科学研究院研究结果表明，当土壤有效孔隙度大于10%时，有利于古树根系的生长和吸收作用；当土壤容重在1.3g/cm^{3}以下时，有利于古树生长；当土壤容重超过1.5g/cm^{3}时，土壤缺氧，机械阻抗加大，根系将变形，树木生长受到抑制。
- 过度铺装导致土壤透气透水性差。在公园或风景名胜区，由于游人多，为了方便观赏，管理部门多在树干周围用水泥砖或其他硬质材料进行大面积铺装，仅留下较小的树池，这样既使得土壤通气性能下降、营养面积小，在降雨时，也会形成大量的地面径流，使根系无法从土壤中吸收到足够的水分，久而久之，便导致了树木的衰弱。
- 人为使土壤盐碱过高，导致树木衰弱。盐害的症状与干旱的症状十分相似，表现为树叶发黄，叶片小，严重者叶片枯死，甚至整株死亡。但若是局部土壤遭受盐胁迫，那么同侧的枝条会表现出明显的受害特征，即出现“阴阳头现象”。

- 伤根导致树木衰弱。公园或景区中的道路铺设或古建维修，会伤及树木的根，造成树木不可逆的衰弱，这样的例子屡见不鲜。

1.3 进行树木衰弱诊断前需要熟知的几个问题

1.3.1　了解树种习性

每个树种对温度、湿度、光照、土质等环境因子有其特殊需求，这就是树种的习性。例如按照树木对光照的需求特点，把树木划分为喜光树、耐阴树；按照对土壤酸碱度需求的不同，树木又分为酸土树种和碱土树种；按照温度，树木要划分为寒带树种、温带树种、亚热带树种和热带树种。

了解树木的习性是准确进行树木衰弱诊断的重要前提。树木因被栽植在错误的地点往往会导致一系列问题的发生，如果把处于不同生境中的树木进行移植，光照、湿度、温度及土壤等任一条件发生变化，树木生长就会受到影响，有的甚至枯萎死亡，故在树木栽植中的一个重要原则就是适地适树。所谓适地适树，通俗地讲就是把树木栽在适合的环境条件下，使树木生态习性和栽植地生境条件相适应，达到树和地的统一。

鉴定种植的树木是否达到“适地适树”通常有以下4点。

- 顺利成活。无冻害或高温危害。
- 生长指标正常。树木在一定年龄阶段，树高、胸径的生长量能够达到一般标准。
- 稳定性强。对不良环境条件，特别是突变的条件，不出现很大异常，生长量不会锐减，树木不会死亡。
- 不早衰。早衰是树木过早地结束其正常的生长发育而寿命缩短，提前开始衰老。早衰的树木有生长缓慢、枝条节间变短、色泽变暗、顶梢枯死、大量结实等特征。树木的早衰大多是因栽植时没有做到“适地适树”。

1.3.2 其他几个需要了解的问题

除了必须对树种习性了解外，在进行诊断前，还应对以下问题进行了解。

- 树木来源，应特别关注树木是圃苗还是山苗。
- 调拨方式，包括是裸根苗还是土球苗以及运输距离的长短等。
- 曾经采取过哪些栽培管理措施，尤其是应询问在苗圃里经过几次移植。
- 栽植地概况。包括前作种类、地下水位高低及排灌情况以及自然环境及其变化情况。
- 注意大树附近新添了哪些地面设施或地下设施。这些设施是否改变了大树的原有生境，从而影响到它们的良好生长。

总之，树木的健康诊断是一项复杂的系统工程，要求诊断者具有丰富的理论和实践知识，诊断时从大处入眼、小处入手来甄别，抓住问题的关键点，结合其他因素，进行综合评判，方能准确界定造成树木衰弱的原因。

第2章 | 树木地上部异常诊断

树木出现生长衰弱，其诱因种类繁多，在同一场所，树木生长衰弱的诱因可能有一个以上，但是它们对树木影响的程度，则有轻重之别。因此，我们可将它们划分为主导因子和次要因子两大类。这里所谓主导因子，即主要的因子，该因子系导致树木生长衰弱的基本因子，也称作初生因子，它具有相对的独立性。其余次生的，均称作次要因子。无论何时何地，在一定场合下，对于树木生长衰弱现象而言，总是存在着一个主导因子。有时除主导因子外，可能有1～2个或2个以上的次要因子。在调查中应注重寻找主导因子并明确主次关系，对于适时采取相应的防治手段至关重要。若主次不分，可能会导致今后的复壮工作事倍功半，难于获得理想效果。

2.1 叶片异常症状诊断

对叶片生长状况的观察以及对叶片上病虫害的观察是进行树木衰弱诊断的第一步，这就像中医医生给人看病一样，看面色是第一步的，有时只观其面就能基本上断定病人得的是什么病，对树木来讲也是这样。

2.1.1 干旱导致的叶片发黄

❶ 症状

以形态学顶部最为严重，严重时叶片焦边或整片叶干枯，但叶片厚度正常，叶片小于正常叶片，叶柄硬实（如图2-1、图2-2）。

▶ 图2-1　因干旱失水的油松（丛日晨 摄）

水分运输的路径是从毛细根开始，经过侧根、主根、根茎、干、大枝、侧枝，然后到达叶片（或针叶）的过程，顶梢距离毛细根的距离最远，当土壤发生干旱，供水不足时，水分就不能到达顶端的枝叶部位，顶端叶片（或针叶）便因失水表现枯黄。

▶ 图2-2　土壤水分供给充足的油松（丛日晨 摄）

从图中看出，新梢呈现旺盛的生长状态。

❷ 诊断方法及结果判定

挖土看土壤情况，重点观察是否是砂性土或明显看出土壤出现干旱特征，并进行实验室测定土壤含水量。若明显看出土壤出现干旱特征，或实验室测定土壤含水量值小于田间最大持水量的8%，结合症状特征，可以诊断该症状为干旱所致。

❸ 背景知识

(1) 土壤干旱与否的界定（林大仪等，2011）

在界定土壤是否干旱时，主要考查土壤的凋萎系数。土壤的凋萎系数是指当植物因缺水而开始呈现永久凋萎时的土壤含水量。不同质地土壤的凋萎系数不同，不同植物所对应的凋萎系数也不同。不同质地的土壤对应的凋萎系数为粗砂壤土0.96%～1.11%、细砂土2.7%～3.6%、砂壤土5.6%～6.9%、壤土9.0%～12.4%、黏壤土13.0%～16.6%。

(2) 土壤含水量的测定方法

土壤含水量的测定方法包括烘干法、中子法和TDR法三种。在实践中最常用的方法是烘干法（林大仪等，2011）。

烘干法是目前国际上仍在沿用的标准方法。测定过程：在田间选择代表性取样点，按所需深度分层取土样，将土样放入铝盒并立即盖好盖（以防止水分蒸发影响测定结果），称重（即湿土加空铝盒重，记为W_1），然后开盖并置于烘箱，在105～110℃条件下烘至恒重（约需6～8小时或更多），再次称重（即干土铝盒重，记为W_2）。则该土壤质量含水量可以按下式计算（设空铝盒重W_3）：

$$\theta_m = \frac{W_1 - W_2}{W_2 - W_3} \times 100\%$$

一般应取3次以上重复，求取平均值。此方法经典、简便、直观，不足之处是采样会干扰田间土壤水的连续性，取样后在田间留下的取样孔（可回填）会切断植物的根系，并影响土壤水分运动，且定期测定土壤含水量时，不可能在原处再取样，而不同位置上的土壤空间变异性，会给结果带来误差。此外，采样、烘干费时费力，且不能及时得出结果。

(3) 砂性土（黄昌勇，2000；林大仪等，2011）

砂性土也可称作砂质土，以砂土为代表，也包括缺少黏粒的其他轻质土壤（粗骨土、砂壤），在我国的土壤质地分类方案中，通常将砂粒含量大于50%的土壤称为砂土。砂性土具有松散的土壤固相骨架，砂粒很多而黏粒很少，粒间空隙大，降水和灌溉水容易渗入，内部排水快，但蓄水量少而蒸发失水强烈，水汽由大空隙扩散至土表而丢失。砂质土的毛管较粗，毛管水上升高度小，抗旱力弱。

砂性土在利用管理上要注意选择种植耐旱品种，保证水源供应，及时进行小定额灌溉，要防止漏水漏肥，采用土表覆盖减少土表水分蒸发。

(4) 土壤田间持水量（林大仪等，2011）

当毛管悬着水达到最大量时的土壤含水量为田间持水量或最大田间持水量。毛管悬着水是指土壤毛管孔隙产生的毛管引力保持的液态水。

2.1.2 缺氮导致的叶片发黄

❶ 症状

叶片通体发黄（如图2–3），叶片薄、小，叶色变淡，从老叶开始黄化，逐渐波及嫩叶，不产生斑点或条纹。

▶ 图2–3 火棘水培100天的缺素实验结果（邢铖 摄）

上为全营养植株，下为缺氧植株。从图中可以看出，培养100天后，缺氮处理全株出现了黄化特征。

❷ 诊断方法及结果判定

挖土看土壤情况，并进行试验室测定碱解氮和有机质含量。若发现土壤为砂性土或土壤染色为黄白色，试验室氮测定值低于标准，则可判定为缺氮。

❸ 背景知识

(1) 贫瘠土壤的观测方法（冯国铭，2000）

土壤的养分含量或肥力水平一般需要科学的营养元素分析仪器进行精密测定，但通过土壤的物理表征也可初步判定土壤的肥力水平。

- 看土壤颜色。肥土土色较深，瘦土土色较淡。
- 看土层深浅。肥土土层一般都大于21cm，瘦土较浅。
- 看土壤适耕性。肥土土质疏松，易于耕作；瘦土土质粘犁，耕作费力。
- 看土壤淀浆性。肥土不易淀浆，瘦土极易淀浆、板结。
- 看土壤裂纹。肥土土壤裂纹多而小；瘦土土壤裂纹少而大。
- 看土壤保水能力。水分下渗慢，灌一次水可保持6～7 天的为肥土；不易下渗或沿裂纹很快渗的为瘦土。
- 看田水水质。水滑腻、粘脚，日照或脚踩时冒大气泡的为肥土；水质清淡无色，水田不起气泡，或气泡小而易散的为瘦土。

- 看夜潮现象。有夜潮，干了又湿，易晒干、晒硬的为肥土；无夜潮现象，土质板结硬化的为瘦土。
- 看保肥供肥能力。保肥力强，供肥足而长久，或潜在肥力大的土壤均属肥土；保肥供肥力弱的均为瘦土。
- 看指示植物。生长红头酱、鹅毛草、荠菜、黄梅菜和蟋蟀草等的土壤为肥土；生长牛毛草、鸭舌草、野荸荠、三棱草、青葫苔、茅草、野兰花、野胡葱和老鸦蒜等的土壤为瘦土。
- 看指示动物。有田螺、泥鳅、蚯蚓、大蚂蟥等的为肥土；有小蚂蟥、大蚂蚁等的为瘦土。

(2) 土壤全氮的测定方法（中华人民共和国行业标准，LY/T1228−1999，森林土壤全氮的测定）

土壤全氮的测定方法包括半微量凯氏法和扩散法。凯氏法测定方法如下。

1) 消煮

称取通过0.149mm筛孔的风干土1.0g（精确到0.0001g）（含氮约1mg左右），同时测定土壤水分换算系数（K_2）。将土样小心送入凯氏烧瓶底部，加2g混合加速剂，摇匀，加数滴水使样品湿润，然后加5mL浓硫酸，瓶口放一小漏斗，在通风柜中用调温电炉加热消煮，最初宜用小火，待无泡沫发生后（约需10～15分钟），提高温度，控制瓶内硫酸蒸汽回流的高度约在瓶颈上部的1/3处，并须经常振动凯氏瓶，勿使烧干，直至消煮液和土粒全部变为灰白稍带绿色（约需15分钟）后，再继续消煮1小时，全部消煮时间约85～90分钟，消煮完毕后，取下凯氏瓶，冷却，以待蒸馏。同时做两个试剂空白试验。

2) 蒸馏

取150ml 20g/L硼酸—指示剂混合液，把它套在半微量定氮蒸馏装置的冷凝管下端，管口置于硼酸液面以上3～4cm处。把消煮液全部转入蒸馏器的内室，并用水洗涤凯氏瓶4～5次，总用量不超过40mL，打开冷凝水，经三通管加入20mL 400g/L氢氧化钠溶液，立即关闭蒸馏室，打开蒸汽夹，蒸汽蒸馏，当锥形瓶内馏出液达50～55mL时（约需8～10分钟），用广范试纸在冷凝管口试蒸馏液，如已无碱性反应，表示氨已蒸馏完毕，否则继续蒸馏。

3) 滴定

吸收在硼酸溶液中的氨，用0.02mol/L盐酸标准溶液滴定，由蓝绿色突变到紫红色为终点，记下用去盐酸标准溶液的毫升数。与此同时，进行试剂空白试验的蒸馏与滴定，以校正试剂的误差。

4) 结果计算

$$W_N=\frac{(V-V_0)\times c\times 0.014}{m_1\times K_2}\times 1000$$

式中 W_N——全氮含量（g/kg）；

V——滴定样品用去盐酸标准溶液体积（mL）；

V_0——滴定试剂空白试验用去盐酸标准溶液的体积（mL）；

c——盐酸标准溶液的浓度（mol/L）；

0.014——氮原子的摩尔质量（g/mmol）；

K_2——将风干土样换算成烘干土样的水分换算系数；

m_1——风干土样质量（g）。

(4) 土壤有机质的测定方法（中华人民共和国林业行业标准，森林土壤有机质的测定及碳氮比的计算，LY/T1237−1999）

土壤有机质的常用测定方法为重铬酸钾氧化—外加热法。主要步骤如下。

1) 称样

用减量法称取0.1～0.5g（精确到0.0001g）通过0.149mm的风干土样于硬质大试管中，加粉末状的硫酸银0.1g。用吸管加入5mL 0.8000mol/L重铬酸钾标准溶液，然后用注射器注入5mL浓硫酸，并小心旋转摇匀。

2) 消煮

预先将油浴锅加热至185～190℃，将盛土样的大试管插入铁丝笼架中，然后将其放入油锅中加热，此时应控制油锅内温度在170～180℃，并使溶液保持沸腾5分钟，然后取出铁丝笼架，待试管稍冷却后，用干净纸擦拭试管外部的油液，如煮沸后的溶液呈绿色，表示重铬酸钾用量不足，应再称取较少的土样重做。

3) 滴定

如溶液呈橙黄色或黄绿色，则冷却后将试管内混合物洗入250mL锥形瓶中，使瓶内体积在60～80mL左右，加邻菲啰啉指示剂3～4滴，用0.2mol/L硫酸亚铁滴定，溶液由橙黄经蓝绿到棕红色为终点；如用N-苯基邻胺基苯甲酸指示剂，变色过程由棕红色经紫色至蓝绿色为终点。记录硫酸亚铁用量（V）。

4) 结果计算

$$W_{c.o}=\frac{\frac{0.8000\times 5.0}{V_0}\times(V_0-V)\times 0.003\times 1.1}{m_1\times K_2}\times 1000$$

$$W_{om}=W_{c.o}\times 1.724$$

式中 $W_{c.o}$——有机碳含量（g/kg）；

W_{om}——有机质含量（g/kg）；

0.8000——重铬酸钾标准溶液的浓度（mol/L）；

5.0——重铬酸钾标准溶液的体积（mL）；

V_0——空白标定用去硫酸亚铁溶液的体积（mL）；

V——滴定土样用去硫酸亚铁溶液体积（mL）；

0.003——1/4碳原子的摩尔质量（g/mmol）；

1.1——氧化校正系数；

1.724——将有机碳换算成有机质的系数；

m_1——风干土样质量（g）；

K_2——将风干土换算到烘干的水分换算系数。

2.1.3 融雪剂导致的叶片发黄

❶ 症状

春季萌发后至雨季来临之前小叶或嫩芽回抽，或呈不规则焦叶乃至全株死亡，通常栽植在行道上的树木，靠近马路内侧树冠的某些枝条焦叶甚至枝条死亡，而外侧叶片生长正常，整个树冠叶片呈所谓的“阴阳头”现象。图2-4是一桥边的大银杏，由于靠近桥体一侧遭受了融雪剂的伤害，叶片发生了严重的黄化。图2-5、图2-6为受融雪剂毒害的毛白杨与栾树。

▶ 图2-4 受融雪剂伤害的银杏形成的“阴阳头”现象（丛日晨 摄）

不同方位的根维管束与同一方位的树干维管束相连，也与同一方位的枝条维管束相连。当某一侧的根系遭受融雪剂的毒害时，一方面，通过维管束的纵向运输，氯离子到达叶片部位，对叶片细胞造成伤害；另一方面，由于融雪剂中盐离子的作用，造成根系周围土壤盐浓度过高，产生盐胁迫，引起水分沿着导管“倒流”，引起叶片失水死亡。

◀ 图2-5 受融雪剂毒害的桧柏树（丛日晨 摄）

图中所示的桧柏树，因处在球场中，遭到融雪剂的侵害，受害较重，没有出现“阴阳头”现象，而是整株发生了死亡。

◀ 图2-6 受融雪剂毒害的栾树（丛日晨 摄）

因主路和人行便道上都应用了融雪剂，故造成了整株栾树的死亡，死亡的植株是由于某种原因树堰里流进了过多的被融雪剂融化了的雪水所导致，未死亡的植株树堰里未检测到高浓度氯离子和钠离子。

❷ 诊断方法及结果判定

询问年周期内的管理细节，是否应用融雪剂或不合理应用化肥（肥害症状与受融雪剂伤害症状很相似），检查地表是否存在白色盐渍，并于实验室进行土壤化验全盐量、钠离子含量、氯离子含量，若存在应用融雪机行为，发现地表有白色盐渍，实验室化验结果明显高于对照土壤，结合症状特征，可以断定为融雪剂伤害。

近年来，以氯化钠为主要成分的一类融雪剂导致大量城市园林植物死亡的问题已经成为北方城市的一个大问题，应引起高度的重视，北京在总结经验的基础上在2000年左右提出了36个大街和重点地区严禁使用融雪剂的决定，有效地保护了这些地区的园林绿化植物。另外，在融雪剂的种类上也应严格区分，尽量少使用氯盐融雪剂，多使用醋酸盐类融雪剂。

❸ 背景知识

(1) 融雪剂（骆虹等，2004）

融雪剂即以融雪化冰为主要功效的化学物，主要用于城市道路、高速公路、桥梁、港口等交通设施的除雪化冰。融雪剂通常分为两类：一类是以醋酸钾为主要成分的有机融雪剂，其融雪效果好、腐蚀性小，但价格昂贵，常用于机场等重要场所；另一类则是以“氯盐”为主要成分的无机融雪剂，如$NaCl$、$CaCl_2$、$MgCl_2$、KCl等，通称为“化冰盐”，这类融雪剂价格低廉，但对植物和环境的危害较大，常见的且应用最多的融雪剂即为此类。

融雪剂对植物的危害通常是毁灭性的。融雪剂随融化的雪水淋溶到土壤中，经植物的水分循环进入植物体，从而导致植物的衰弱或死亡。不仅如此，植物死亡后的重新补植，必须置换含盐土壤，否则盐分还会继续危及补植植株。此外，融雪剂还会造成公共基础设施的腐蚀、水体污染等。

(2) 盐渍土

盐渍土是盐土和碱土以及各种盐化、碱化土壤的总称。盐土是指土壤中可溶性盐含量达到对作物生长有显著危害的土类。盐分含量指标因不同盐分组成而异。碱土是指土壤中含有危害植物生长和改变土壤性质的多量交换性钠。中国新拟的积盐层标准涉及积盐层的含盐量、积盐层出现的部位和厚度以及测定含盐量的采样时间，具体规定如下。

- 对积盐层易溶盐含量下限的要求依不盐渍土诊断特性同盐类而异，氯化物盐土（盐分组成中Cl^-占80%以上）≥6g/kg，硫酸盐盐土≥20g/kg，氯化物和硫酸盐混合型的盐土≥10g/kg，苏打盐土则要求每千克土含苏打0.5cmol以上。
- 在土表30cm深度范围内，积盐层至少1cm厚。
- 应以旱季（3～5月）或未灌溉前土壤积盐层的含盐量为准。

(3) 土壤全盐量的测定方法（中华人民共和国林业行业标准，森林土壤水溶性盐分分析，LY/T1251−1999）

土壤全盐量的测定方法有质量法和电导法两种。质量法测定步骤如下。

1) 土壤浸出液的制备

首先，用天平准确称取通过2mm筛孔的风干土样50.0g，放入干燥的500mL锥形瓶中。用量筒准确加入无CO_2的纯水250mL，加塞，振荡3分钟；然后，按土壤悬浊液是否易滤清的情况，选择下列方法之一过滤，以获得清亮的浸出液，滤液用干燥锥形瓶承接。全部滤完后，将滤液充分摇匀，塞好，供测定用。

对于容易滤清的土壤悬浊液，可用滤纸在7cm直径漏斗上过滤，或用布氏漏斗抽滤，漏斗上用表面皿盖好，以减少蒸发。最初的滤液常呈浑浊状，必须重复过滤至清亮为止；较难滤清的土壤悬浊液，可用皱折的双层紧密滤纸在10cm直径漏斗上反复过滤。碱化的土壤和全盐量很低的黏重土壤悬浊液，可用素瓷滤烛抽滤。如不用抽滤，也可用离心分离，分离出的溶液也必须清晰透明。

2) 去除水分和有机质

首先，吸取完全清亮的土壤浸出液50mL，放入已知质量（m_1）的玻璃蒸发皿（质量一般不超过20g）中，在水浴上蒸干；然后，小心地用皮头滴管加入少量10%～15%的H_2O_2，转动蒸发皿，使与残渣充分接触，继续蒸干。如此重复用H_2O_2处理，至有机质氧化殆尽，残渣呈白色为止；最后，将蒸干残渣在105～110℃的恒温箱中烘2小时，在干燥器中冷却约30分钟后称量。重复烘干、称重，直至达到恒定质量（m_2），即前后两次质量之差不大于1mg。结果计算公式为：

$$\text{土壤全盐量（g/kg）}=\frac{m_2-m_1}{m}\times 1000$$

式中 m——50mL浸出液的干土质量（g）；

m_1——蒸发皿的质量（g）；

m_2——全盐量加蒸发皿质量（g）。

(4) 土壤钠离子的测定方法（中华人民共和国林业行业标准，土壤全钾全钠的测定，LY/T 1254−1999）

土壤钠离子的测定方法为火焰光度法。具体测定步骤如下。

1) 钠待测液的制备

称取0.3g（精确到0.0001g）通过0.149mm筛孔的土壤样品，置于30mL铂坩埚中，稍加数滴水湿润样品。加入5mL浓高氯酸溶液，再加入5mL浓氢氟酸溶液。小心摇动，使之均匀混合。将坩埚放在电炉上低温加热，使氢氟酸与样品充分作用，并防止其迅速挥发或溅失。待高氯酸冒白烟时，取下坩埚稍冷却，再加入5mL氢氟酸，继续加热消煮，并蒸发至近干。取下坩埚再加3mL高氯酸，继续蒸干驱除多余氢氟酸，并慢慢加温蒸煮至有少量白烟冒出为止，基本除去多余的高氯酸。以4mL 2mol/L盐酸加入盛有消煮残渣的坩埚内，置电炉上低温加热，使残渣溶解。然后全部洗入100mL量瓶中，定容，摇匀备用。

2) 测定

吸取5～10mL上述待测液于25mL量瓶内，加2～3mL 0.1mol/L硫酸铝或氯化铝定容，用火焰光度计进行测定。

3) 工作曲线的绘制

0、5、10、20、30、50、70μg/mL氧化钾、氧化钠标准系列溶液同样加入硫酸铝后定容，在火焰光度计上分别测定，分别绘制氧化钾和氧化钠的工作曲线。

4) 结果计算

$$W_{Na_2O}=\frac{c\times V\times t_s}{m\times 10^6}\times 1000$$

$$W_{Na}=W_{Na_2O}\times 0.742$$

式中 W_{Na_2O}——Na_2O的含量（g/kg）;

W_{Na}——Na含量;

c——由氧化钠工作曲线上查得的氧化钠浓度（μg/mL）;

V——测读液体积（25mL）;

t_s——分取倍数（t_s=消煮待测液定容体积/测定时吸取待测液体积=100/（5～10））;

m——烘干土样品质量（g）;

0.742——将氧化钠换算成钠的系数。

(5) 土壤氯离子的测定方法（中华人民共和国农业行业标准，NY/T 1378-2007，土壤氯离子的测定方法）

土壤氯离子含量的测定方法有硝酸银滴定法和电位滴定法两种。

硝酸银滴定法的原理是，用水浸提土壤中的氯离子，然后再中和至弱碱性范围内（pH6.5～10.5），以铬酸钾为指示剂，用硝酸银标准滴定溶液滴定试液中的氯离子。由于氯化银的溶解度小于铬酸银的溶解度，在氯离子被完全沉淀出来后，铬酸盐方以铬酸银的形式被沉淀，产生砖红色，指示到达滴定终点。由所消耗的硝酸银标准溶液的量，可求得土壤中氯离子的含量。

硝酸银滴定法的步骤如下。

1) 滴定

用移液管吸取25mL试样溶液（若氯离子含量高，可取少量，但应加水至25mL），置于100mL锥形瓶中。若试样溶液pH值在6.5～10.5，则加入8滴铬酸钾指示剂溶液，混匀。若试样溶液的pH值低于6.5，则应在试样溶液中先加入

0.2～0.5g的碳酸氢钠，混匀。在不断搅动下，用硝酸银标准滴定溶液滴定试样溶液至出现砖红色并0.5分钟内不褪色为止。记录硝酸银标准滴定溶液的用量。

2) 空白试验

除不加试样外，其余分析步骤同样品测定。

3) 结果计算

氯离子（Cl^-）含量ω_2，以质量分数计，数值以毫克每千克（mg/kg）表示，计算公式为：

$$\omega_2 = \frac{c_3 \times (V_5 - V_6) \times D_2 \times 0.03545}{m_2} \times 10^6$$

式中　V_5——试样溶液测定时消耗的硝酸银标准滴定溶液体积的数值（mol）；

V_6——空白溶液测定时消耗的硝酸银标准滴定溶液体积的数值（mol）；

c_3——硝酸银标准滴定溶液浓度的数值（mol/L）；

m_2——试料质量（g）；

D_2——试样溶液体积与测定时吸取的试样溶液体积之比的数值；

0.03545——与1.00mL硝酸银标准滴定溶液［c（$AgNO_3$）=1.000mol/L］相当的以克表示的氯离子质量。

计算结果保留两位小数，但有效数字应不超过4位。

2.1.4　积水导致的叶片发黄

❶ 症状

多发生在新栽植树木。起初叶片不发黄，但大量萎蔫，也即“绿蔫”（如图2-7），随后老叶边缘或整个叶片变黄，光滑无病原物，叶柄软绵，同时发生落叶，雨季过后，萌发新叶。若长期积水会导致顶稍枯死。

❷ 诊断方法及结果判定

挖土看土壤情况，是否有明显的积水或土壤湿度过大，并确认是否有烂根发生，也可实验室测定土壤相对含水量。通过树体表征或土壤含水量结果进行判读，若土壤含水量超过相应土质的最大田间持水量并持续48小时以上时，可确定为积水。

▶ 图2-7　银杏树因水淹导致的叶片萎蔫（丛日晨 摄）

多发生在新栽植树木。起初叶片不发黄，但大量萎焉，也即“绿蔫”。

▶ 图2-8　利用水分测管和TDR土壤水分探头测定不同土层土壤含水量

但是对于栽植在地下水位低、成活10年以上的树木来说，无论是耐水还是不耐水树木，耐水淹能力超乎想象。

为验证栽植10年以上的海棠（地径6～8cm）、银杏（胸径10cm）、白蜡（胸径8～9cm）、国槐（胸径18～20cm，高接金枝国槐）、油松（米径10～13cm）、桧柏（高3m）的耐水性，北京市园林科学研究院的科研人员在2015年在试验圃地开展了33天的水淹实验，实验地土层深厚，为壤土，2m以下土壤呈明显砂性，地下水位-40m左右。

实验的基本方法是：在供试植物树冠投影外围依据地形设立围堰，灌注自来水并保持地表积水深度＞10cm。开始于2015年8月6日，2015年9月8日结束，总淹水时间为33天。

取得的结果是：淹水期间，除圆柏在25天左右表现出明显的下侧枝条枯黄落叶现象外，其他5种供试树种均没有发生叶片黄化和脱落现象，即没有表现出明显的水淹胁迫。淹水结束一个月后，白蜡、国槐未见明显差异，海棠、银杏和油松均表现出不同程度的提前落叶现象。翌年春季，受试油松部分植株发生了死亡，是受试所有树种中唯一发生死亡的树种。

对银杏的试验结果表明：在较为缺水的北京地区，淹水在短期内可能有助于银杏的生长，可以消除或缓解由于水分不平衡导致的银杏焦叶现象。然而，淹水停止后一个月，淹水银杏出现了明显的提前落叶现象，且有一株叶片几乎落光，表明长期淹水可能会造成银杏提前落叶（如图2-9～图2-13）。

对圆柏的试验结果表明：圆柏在淹水27天时表现出明显的下侧枝条针叶枯黄脱落的现象。表明圆柏不耐水淹，淹水会造成显著涝害（如图2-14～图2-17）。

对国槐的试验结果表明：国槐在淹水期间在形态上未表现出明显涝害。淹水

◀图2-9 银杏淹水第1天（2015.8.6）（孙宏彦 摄）

◀图2-10 银杏淹水15天（2015.8.20）（孙宏彦 摄）

▶ 图2－11　银杏淹水27天（2015.9.2）（孙宏彦 摄）

▶ 图2－12　银杏淹水33天（2015.9.8）（孙宏彦 摄）

▶ 图2－13　银杏停止淹水1个月（2015.10.12）（孙宏彦 摄）

淹水银杏出现了明显的提前落叶现象，且有一株叶片几乎落光，表明淹水可能会造成银杏提前落叶。

▶ 图2－14　圆柏淹水第1天（2015.8.6）（孙宏彦 摄）

◀ 图 2－15　圆柏淹水 15 天（2015.8.20）（孙宏彦 摄）

◀ 图 2－16　圆柏淹水 27 天（2015.9.2）（孙宏彦 摄）

此时圆柏表现出明显的下侧枝条针叶枯黄脱落的现象。

◀ 图2-17　圆柏停止淹水27天后（2015.10.12）（孙宏彦 摄）

左图为处理，右图为对照。淹水植株枝叶发生黄化。

▶ 图 2－18　国 槐 淹 水 第 1 天（2015.8.6）（孙宏彦 摄）

▶ 图 2－19　国 槐 淹 水 1 5 天（2015.8.20）（孙宏彦 摄）

▶ 图 2－20　国 槐 淹 水 2 7 天（2015.9.2）（孙宏彦 摄）

◀图2－21 国槐淹水33天（2015.9.8）（孙宏彦 摄）

▶ 图2-22　国槐停止淹水1个月（2015.10.12）（孙宏彦 摄）

国槐在淹水期间在形态上未表现出明显涝害。淹水结束1个月后，淹水处理与对眼间也未见明显差异。

▶ 图2-23　油松淹水第1天（2015.8.6）（孙宏彦 摄）

结束一个月后，淹水处理和对照间也未见明显差异（如图2-18～图2-22）。

对油松的实验结果表明：油松在淹水试验期间未表现出明显涝害，反而出现了顶芽的二次生长，表明淹水在一定程度上促进了油松的生长。然而，淹水结束一个月后，3株淹水油松中的顶芽二次生长明显的一株出现了明显的针叶下垂现象（即“绿蔫”），表明油松长期淹水后生长受到胁迫，对照新梢和顶芽均生长健壮（如图2-23～图2-27）。

对海棠的实验结果表明：在整个淹水期间，海棠未表现出明显的涝害胁迫。然而淹水停止1个月后，淹水海

◀图2-24 油松淹水15天（2015.8.20）（孙宏彦 摄）

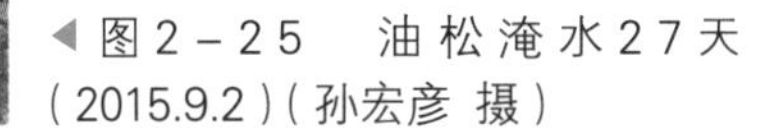

◀图2-25 油松淹水27天（2015.9.2）（孙宏彦 摄）

◀图2-26 油松淹水33天后（2015.9.8）（孙宏彦 摄）

左图为淹水33天，新梢二次生长明显，右图为对照，芽较长，无二次生长。

▶ 图2-27　油松停止淹水1个月（孙宏彦 摄）

左图为处理，右图为对照。从中可以看出，处理树老叶出现明显下垂，而对照枝条和芽生长健壮。

▶ 图2-28　海棠淹水第1天（2015.8.6）（孙宏彦 摄）

▶ 图2-29　海棠淹水15天（2015.8.20）（孙宏彦 摄）

▶ 图2-30　海棠淹水27天（2015.9.2）（孙宏彦 摄）

▶ 图2-31　海棠淹水33天（2015.9.8）（孙宏彦 摄）

◀ 图2-32　海棠停止淹水1个月（2015.10.12）（孙宏彦 摄）

左图为处理，落叶严重；右图为对照，落叶不明显。

棠整体上出现了较明显的提前落叶（如图2-28～图2-32）。

对白蜡的实验结果表明：整个淹水试验过程中及试验结束一个月后，均未发现白蜡涝害症状。进一步观察发现淹水的围堰内新萌发大量根系，表明白蜡对淹水环境具有很好的适应性（如图2-33～图2-35）。

◀ 图2-33　白蜡淹水33天（2015.9.8）（孙宏彦 摄）

左图为处理，右图为对照。

▶ 图2-34　白蜡停止淹水1个月（2015.10.12）（孙宏彦 摄）

左图为处理，右图为对照

▶ 图2-35　白蜡水中生长的根系（孙宏彦 摄）

白蜡对淹水环境有很好的适应性，淹水的围堰内萌发了大量根系。

▶ 图2-36　被淹死的油松

图中是被淹33天后，翌年死亡的油松，是参与淹水试验的6种树木中，唯一被淹死的种类。对于上述试验结果，应从以下几点去理解：一是参与试验的是生长了10年以上的大树，说明成活后的油松、国槐、白蜡、银杏、海棠、桧柏都是有一定的抗涝力的，但是对于新栽植的树木，来自一线的经验证明，上述6个树种是经不住水淹的；二是地下水位高低影响了树木的抗涝能力。试验区的地下水位约-50m左右，这也解释了为什么33天不间断的灌水才能维持高于地表10～20cm的试验水位；三是油松的抗涝性确实是供试6个树种最差的。

③ 背景知识

(1) 田间持水量（林大仪等，2011）

田间持水量（field moisture capacity），指在地下水较深和排水良好的土地上充分灌水或降水后，允许水分充分下渗，并防止蒸发，经过一定时间，土壤剖面所能维持的较稳定的土壤含水量（土水势或土壤水吸力达到一定数值（25%左右）。达到田间持水量时的土水势为−50～−350mbar，大多集中于−100～−300mbar。

(2) 土壤含水量的手感界定方法（徐秀华，2007；张建国，2010）

在我国北方农业领域中，常把土壤含水量称为土壤墒情。在田间验墒时，先量出干土层厚度，再用土钻分层取土，根据土壤颜色、湿润程度和手捏时的感觉来判断墒情。具体操作方法为：在田间取土放在手上，凭感觉和现象观察，可粗略地判断土壤水分状况。土壤墒情可以分为以下几种类型。

- 干：无凉爽的感觉，用嘴吹土样时，可见扬起的土尘；或用滤纸将土壤包起来攥在手里，滤纸上看不到明显的潮湿，表明基本不含有效水。
- 润：有凉润的感觉，但用劲捏土样时，土块易碎；用滤纸将土样包起来攥在手里，滤纸上有水痕，表明有一定的有效水，相对含水量为50%～70%。
- 潮：揉搓土壤易成面团状，但无水流出，手上残留湿的痕迹；用滤纸将土样包起来，轻轻捏压，滤纸上的水痕明显，甚至滤纸吸水过多易撕裂，此时有效水含量较高，相对含水量为60%～90%。
- 湿：挤压土壤有水滴出，如质地黏重，则土样易粘手；用滤纸包裹土样稍加挤压，则滤纸易碎成片状。这时有效水含量较高，相对含水量为80%～100%。
- 饱和：土壤有水流出，说明土壤内水分饱和。此时，土壤内有一定量的重力水。

土壤墒情的简便检查方法适合于农田土壤墒情的检测，对园林树木生长立地土壤的检测也同样也具有一定的指导意义。

2.1.5 新植、结果过多导致老叶、新叶小

❶ 症状

多发生于落叶乔木（如图2-37、图2-38）。树冠所有叶片小于正常叶，可能会发生物候期延迟。

❷ 诊断方法及结果判定

确认是否为新栽树木，并询问前一年结果情况。可能由两种原因导致：一是新植树木根系未恢复（尤其是银杏树，最易发生这种情况），二是前一年结果过多。

❸ 背景知识

(1) 植物物候期

生物在进化过程中，由于长期适应这种周期变化的环境，形成与之相应的形态和生理机能有规律变化的习性，即生物的生命活动能随气候变化而变化。人们可以通过其生命活动的动态变化来认识气候的变化，所以称为“生物气候学时期”，简称为“物候期”。

在一年中，树木都会随季节变化而发生许多变化。如萌芽、抽枝展叶或开花、新芽形成和分化、果实成熟、落叶并转入休眠等。树木这种每年随环境周期变化而出现形态和生理机能的规律性变化，又称为树木的年生长周期。

物候是地理气候研究、栽培树木的区域规划以及制定某地区树木科学栽培措施的重要依据。此外，树木所呈现的季相变化，对园林种植设计还具有艺术意义。

影响植物物候变化的因素繁多，主要有生物因素和环境因素。前者是内在因素，包括物种及品种类型、生理控制等，后者是外在因素，包括温度、光照、水分、生长调节剂等。其中气温、光照、水分为主要影响因子（陈有民，2004）。

(2) 反季节种植

在正常季节以外的季节进行栽植即为反季节栽植。如在北京地区，行业上一般把落叶树萌芽后进行的栽植称为反季节栽植。

◀ 图2-37　因去年结果过多导致叶片过小的银杏树（丛日晨 摄）

因去年结果过多导致翌年春季萌芽延迟，而且在整个生长季叶片小于正常植株的叶片。图中相邻的银杏则是枝繁叶茂。

▶ 图2-38　结果过多的银杏（丛日晨 摄）

过多的果实消耗了大部分水分和营养，导致叶片提前掉落，而且还会导致翌年物候期紊乱，叶片变小。

2.1.6 叶片缺铁失绿

❶ 症状

幼叶开始黄化，严重时全株黄化，叶脉仍绿，白色调明显，无坏死斑点（如图2–39）。

❷ 诊断方法及结果判定

取正常叶片和发病叶片进行染色比对，实验室进行土壤和叶片矿质营养分析。植物叶片缺铁症状是植物生理学或栽培学中最易辨认的症状，当叶片具备“幼叶开始黄化，严重时全株黄化，叶脉仍绿、白色调明显，无坏死斑点”的特征时，可以断定为缺铁，也可结合实验室测定结果进行确定。

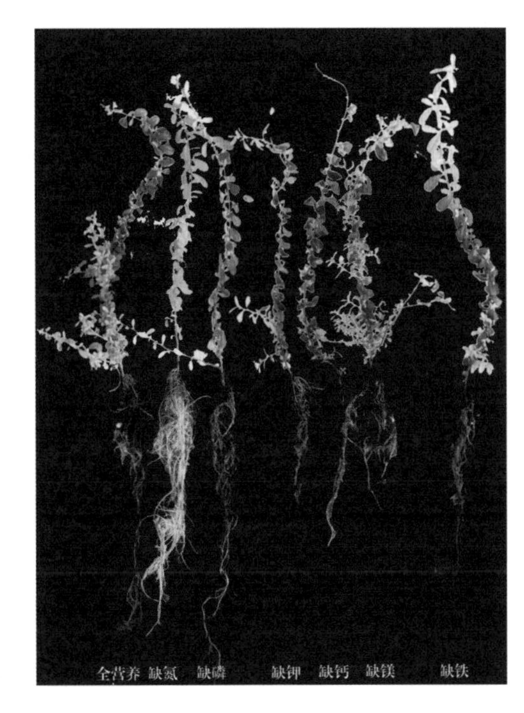

◀ 图2–39 火棘水培100天的缺素实验结果（邢铖 摄）

从图中可以看出，培养100天后，缺铁处理全株出现幼叶黄化特征。

❸ 背景知识

(1) 土壤中的微量元素含量标准（辽宁省地方标准，土壤有效铜、锌、铁、锰、硼含量分级，DB21/T 1437–2006）

表2–1 土壤有效态微量元素含量范围

微量元素	有效态微量元素含量范围（mg/kg）				
	很低	低	中等	高	很高
锌	0.50	0.50～1.00	1.01～2.00	2.01～4.00	＞4.00
铁	4.50	4.50～20.00	20.01～50.00	50.01～100.00	＞100.00
锰	4.00	4.00～15.00	15.01～30.00	30.0～150.00	＞50.00
铜	0.10	0.10～0.20	0.21～1.00	1.01～2.00	＞2.00
硼	0.20	0.20～0.40	0.41～1.00	1.01～2.00	＞2.00

(2) 土壤中铁含量的测定方法（中华人民共和国林业行业标准，森林土壤有效铁的测定，LY/T1262-1999）

土壤有效铁的测定方法主要有两种，分别为邻菲啰啉比色法和原子吸收分光光度法。

原子吸收分光光度法的方法要点：用乙炔—空气火焰的原子吸收分光光度法直接测定土壤浸出液中的铁是极令人满意的，没有任何干扰，而且可以同时测定锌、铜和锰。对铁的最灵敏线的波长是248.3nm，测定下限可达0.01μg/mL铁，最佳测定范围为2～20μg/mL铁。

所需试剂及配制：DTPA浸提剂和铁标准溶液。

原子吸收分光光度法的步骤如下。

1) 操作步骤

土壤有效铁的浸提（方法同邻菲啰啉法）：将滤液直接在原子吸收分光光度计上测定，选用波长248.3nm。

2) 工作曲线的绘制

用DTPA浸提剂稀释配制2～10μg/mL铁的标准系列溶液，直接在原子吸收分光光度计上测定吸收值后绘制工作曲线。测定条件应与土样测定时完全相同。

3) 结果计算

$$有效铁（Fe，mg/kg）= c \times r$$

式中 c——由工作曲线查得铁的浓度（μg/mL）；

r——液土比（r=浸提时浸提剂毫升数/土壤克数）。

(3) 铁在植物体中的作用（武维华，2003）

铁在植物体内以二价（Fe^{2+}）和三价（Fe^{3+}）两种形式存在。Fe^{2+}和Fe^{3+}之间的转换构成了活细胞内最重要的氧化还原系统，是许多氧化还原相关的酶的辅基，如细胞色素、细胞色素氧化酶、过氧化物酶和过氧化氢酶、豆科植物根瘤菌中的血红蛋白等；Fe^{2+}和Fe^{3+}也是光合和呼吸电子传递链中的重要电子载体，如光合和呼吸电子传递链中的细胞色素、光合电子传递链中的铁硫蛋白和铁氧还蛋白等都是含铁蛋白；铁还是合成叶绿素的必需物质，催化叶绿素合成的酶中有几个酶的活性表达需要Fe^{2+}。

2.1.7 叶片白粉病导致的树木衰弱

❶ 症状

◀ 图2-40 黄栌白粉病（周江鸿 摄）

叶片表面生有白色粉状霉层。

在叶片上开始产生黄色小点，而后扩大发展成圆形或椭圆形病斑，表面生有白色粉状霉层（如图2-40）。

❷ 诊断方法及结果判定

肉眼观察发现白粉下部叶片比上部叶片多，叶片背面比正面多。霉斑早期单独分散，后联合成一个大霉斑，甚至可以覆盖全叶。可在实验室培养后，进行微生物学鉴定。当症状具备上述明显特征时，可以断定为白粉病。白粉病是一种真菌病害，月季、黄栌等易发生。

❸ 背景知识

(1) 导致白粉病的真菌（朱天辉，2003；郭尚，2007）

白粉病是由子囊菌亚门白粉目真菌所致的一类病害，因其危害部产生白色粉状物（菌丝体及分生孢子）而得名。白粉病致病真菌是一类专性寄生菌，以吸器于寄主细胞内吸收养分，主要包括粉菌属、单囊壳属、内丝白粉菌属、叉丝壳属、叉丝单囊壳属、布氏白粉菌属和球针壳属等。

白粉病是植物上最常见的一种病害，除针叶树外，在各类园林植物中均有发生。主要危害寄主植物叶片，也危害叶柄、嫩枝、芽或果实，造成病叶变黄、皱缩、扭曲、早期脱落。白粉病的菌丝体大多寄生于寄主表面，以吸器深入表皮细胞吸收养分。无性阶段产生串生的分生孢子，有性阶段产生球形、褐色的闭囊壳。以闭囊壳上附属丝的形态特征和闭囊壳内所含子囊的数目为根据分为不同的属，引起不同寄主植物的白粉病。

(2) 白粉病的试验室鉴定方法（方中达，1998；朱天辉，2003；谢联辉，2006）

白粉病菌物的鉴定包括形态鉴定法、柯赫式法、生理生化和生物学性状检测、免疫学检测和分子生物学检测等方法，常规形态学检测（显微镜检测）的检视方法有多种，较简便的方法包括挑取检视和粘贴检视等。

- 挑取检视。叶片真菌的菌丝体或子实体，一般可直接用针或刀片挑取少许，放在加有一滴浮载剂的载玻片上，加盖玻片在显微镜下检视。常用的浮载剂包括水、乳酚油、甘油乳酸液和甘油等。
- 粘贴检视。主要包括透明胶带粘贴、醋酸纤维素粘贴、火棉胶和其他粘贴剂粘贴等。透明胶带粘贴法最为简便，方法是用小段透明胶带，使有胶质的一面轻贴孢子和孢子梗，真菌即粘在胶带上，而后取下胶带将带有孢子的一面向下放在载玻片上的一滴甘油乳酸中，上面再加一滴甘油乳酸，加盖玻片检视。

白粉菌等真菌病害标本的显微镜检测，主要是观察菌丝体和其他营养体的形态和结构、孢子的形态和着生方式、子实体的形态结构和产生的部位等，有的还要检查病菌寄生的部位与寄主细胞和组织的变化。

白粉菌的显微形态：子囊果为典型的子囊壳或闭囊壳，外菌丝体无色，壁较薄，无附着枝，以吸器深入寄主组织内。子囊内含2～8个子囊孢子，无色，单细胞。

2.1.8 细菌导致的叶片坏死与腐烂，萎蔫与畸形

❶ 症状

在网状叶脉的叶片上，病斑呈多角斑，病斑周围有黄色的晕环。在肥厚组织或果实上的病斑，多为圆形。在柔嫩肉、多汁的组织上，组织死亡后易腐烂。病害的病斑表面没有霉状物，但有菌脓（除根癌病菌）溢出，病斑表面光滑（如图2-41、图2-42）。

❷ 诊断方法及结果判定

需要特别注意病斑表面光滑的特征，这是细菌病害区别于真菌病害的显著特征。可试验室培养后，进行微生物学鉴定。有以下几种情况。

- 腐烂。多由细菌感染所致。主要发生在多汁肥厚的组织上。

◀ 图2-41 桃树细菌性穿孔病（周江鸿 摄）

在网状叶脉的叶片上，病班呈多角斑，病斑周围有黄色的晕环。

◀ 图2-42 榆叶梅细菌性穿孔病（周江鸿 摄）

- 坏死。多由细菌感染所致。主要发生在叶片和茎秆上，出现各种不同的斑点或枯焦。
- 萎蔫。因细菌寄生在维管束内堵塞导管或因细菌毒素而引起。
- 肿瘤。由于细菌刺激，使寄主细胞增生、组织膨大而形成，如癌肿病。
- 黄化矮缩。在木质部寄生的细菌使植株表现黄化、萎缩。

③ 背景知识

(1) 细菌病害与真菌病害的主要区别（朱天辉，2003）

细菌病害与真菌病害的区别主要在于病症明显程度存在差异，真菌受病植物一般症状有霉状物、粉状物、锈状物、丝状物及黑色小粒点，而细菌则无。此为病症诊断的重要依据。

细菌是非专性寄生菌，与寄主细胞接触后通常是先将细胞或组织致死，然后从坏死的细胞或组织中吸取养分，因此细菌性病害的症状多为组织坏死、腐烂和枯萎（少数能引起肿瘤是分泌激素所致）。初期受害组织表面常为水渍或油渍状、半透明，只有在潮湿条件下病部才有黏稠状的菌脓溢出；腐烂型细菌病害往往有臭味。这是细菌病害的重要标志。

(2) 细菌性叶斑病的特点

细菌性叶斑病的主要特点是病斑由于受叶脉限制多呈多角形，初期呈水渍状，后变为褐色至黑色，病斑周围出现半透明的黄色晕圈，空气潮湿时有菌脓溢出。

(3) 细菌的试验室鉴定方法

细菌的检测方法有显微镜检测法、柯赫氏法则诊断检测、血清学技术和分子生物学技术等。显微镜检测法步骤如下。

细菌病害，除少数（如苹果根癌病）外，绝大多数能在受害部位的维管束或薄壁细胞组织中产生大量的细菌，并且吸水后形成菌溢，因此，镜检病组织中有无细菌的大量存在（菌溢的出现）是诊断细菌病害简单易行的方法。遇到细菌病害发生初期，还未出现典型的症状时，可在低倍显微镜下检测，方法为：切取小块新鲜病组织于载玻片上，加一滴蒸馏水，盖上盖玻片，轻压，如为细菌性病害，即能看到大量的细菌从植物组织中涌出（喷菌现象，Bacteria Exudation，BE）。这一特点可用于植物细菌性病害的初步诊断。

(4) 接种（致病性的深度测试）（朱天辉，2003）：

园林植物病原细菌的接种方法没有根本区别，许多方法是通用的。细菌性叶斑或叶枯病的病原物多以气孔或伤口侵入方式为主，因此接种的方法不外乎使细菌从伤口或气孔等自然孔口侵入叶片。由于植物病原细菌不能从表皮直接侵入，也不像真菌那样以孢子形成的芽管从气孔侵入，因此要求在接种时就有较多的细菌进入气孔内。高压喷雾接种的方法是接种最有效的方法，大量的病菌可进入到植株组织内，叶组织充水，有利于细菌的侵染，接种效率高，且发病一般较重。喷雾方法为：喷雾时加压68947～137894Pa；压力太高，叶片的表皮细胞将受到损伤，最好是加压喷到气孔室呈水渍状。接种细菌悬浮液的浓度，一般不宜超过5×10^6CFU/mL；接种的菌量太大和压力太高，就可能在非寄主植物上也形成坏死性枯斑。温室接种的植物，接种后一般保湿24～48小时。

2.1.9 病毒导致的叶片褪绿、白化、黄化、紫（或红）化、变褐等

❶ 症状

全株表现出病状，有明显的病状表现而无病症。褪绿、白化、黄化、紫（或红）化、变褐等（如图2-43）。还有畸形生长，生长萎缩或矮化、卷叶、线叶、皱缩、蕨叶、小叶状。

❷ 诊断方法及结果判定

经试验室培养后，进行微生物学鉴定，结合上述症状，确认是否为病毒病。植物病毒必须在寄主细胞内营寄生生活，专化性强，某一种病毒只能侵染某一种或某些植物。但也有少数危害广泛；如烟草花叶病毒和黄瓜花叶病毒。一般植物病毒只有在寄主活体内才具有活性；仅少数植物病毒可在病株残体中保持活性几天、几个月、甚至几年，也有少数植物病毒可在昆虫活体内存活或增殖。植物病毒在寄主细胞中进行核酸（RNA或DNA）和蛋白质外壳的复制，组成新的病毒粒体。植物病毒粒体或病毒核酸在植物细胞间转移速度很慢，而在维管束中则可随植物的营养流动方向而迅速转移，使植物周身发病。有以下几种情况。

◀ 图2-43　感染蔷薇花叶病毒的蔷薇叶片（丛日晨 摄）

叶片褪绿、白化、黄化、紫（或红）化、变褐等病状。

- 变色。由于营养物质被病毒利用，或病毒造成维管束坏死阻碍了营养物质的运输，叶片的叶绿素形成受阻或积聚，从而产生花叶、斑点、环斑、脉带和黄化等。
- 坏死。由于植物对病毒的过敏性反应等可导致细胞或组织死亡，变成枯黄至褐色，有时出现凹陷。在叶片上常呈现坏死斑、坏死环和脉坏死，在茎、果实和根的表面常出现坏死条等。
- 畸形。由于植物正常的新陈代谢被病毒干扰，体内生长素和其他激素的生成和植株正常的生长发育发生变化，可导致器官变形，如茎间缩短，植株矮化，生长点异常分化形成丛枝或丛簇，叶片的局部细胞变形出现疱斑、卷曲、蕨叶及带化等。

❸ 背景知识

(1) 导致叶片变色或坏死的病毒（朱天辉，2003）

园林植物中乔木病毒病的研究起步较晚，这是由于病毒病无重大病症足以引起重视，而且很多情况是潜隐性的，不易发觉。目前，已证实的可导致园林树木危害的病毒类群主要有黄瓜花叶病毒属、马铃薯Y病毒、马铃薯X病毒属、线虫传多面体病毒属、斐济病毒属、双联病毒科等。危害树木较严重的病毒包括杨树花叶病毒、山茶花叶黄斑病毒等。

(2) 病毒的试验室鉴定方法

病毒的鉴定方法包括显微镜鉴定法、柯赫氏法则生物学鉴定法、血清学鉴定方法和分子生物学鉴定方法等。其中，血清学技术是病毒鉴定的最有效方法，其测定主要步骤如下。

1) 植物病毒抗血清的制备

首先用家兔进行耳静脉免疫注射获得病毒抗坏血清。免疫注射最好是用初提纯或精提纯的病毒，以保证有较高的浓度和排除寄主抗原的影响。免疫注射需逐渐增加注射量，从0.5mL逐次增加到2mL，注射次数不宜过多，一般以2～3次为宜，可以获得更具特异性的抗血清。肌肉注射一般是在病毒注射液中加福氏佐剂。制备时先将佐剂与病毒等量混合用注射器反复抽压或在研钵中研磨，使它乳化后用于注射，它的作用是使病毒缓慢释放到动物的血液中。长期诱发免疫作用只要注射2次，就可以得到一定效价的抗血清。在最后一次注射后10天左右，可以采血获得抗血清，并测定其效价。抗血清可能达到的效价，决定于病毒种类、注射抗原的制备等因素，有的可达1∶2560，有的只可达1∶128或1∶256以上。有的甚至只有几十倍。测定植物病毒的沉淀反应，无论是采取哪一种方法，所用抗血清的稀释倍数都不是很高的。因此，低效价的抗血清虽然不如高效价的，一般还是可用的。

2) 沉淀反应

血清学的鉴定方法也有很多种，沉淀反应是主要方法之一。病毒与抗体间关系的确定，用得最多的是沉淀反应。免疫注射得到的抗血清，可用生理食盐水稀释到1∶1，1∶2，1∶4，1∶8，1∶16，1∶32……1∶256等不同浓度，用直径约7mm的小玻管，分别加不同稀释度的抗血清0.5～1.0mL，和等量的病毒悬浮液，充分混合后将玻管放在37℃的恒温水浴中，经过2小时检查沉淀的产生，即可确定抗血清的效价。测定沉淀的反应，要求病毒和抗血清的比例适当，就要求抗血清和病毒都成倍稀释，测定不同组合沉淀的快慢。假如抗血清和病毒分别有10个稀释度，就要从100个组合中选出1个最适合的组合，并且每一批抗血清和病毒悬浮液都要进行这样的测定，工作量是很大的。事实上，许多测定病毒的沉淀反应方法，病毒和抗体都在扩散而形成一个梯度，而在最适宜的比例处自行沉淀。

2.2 树冠异常诊断

树冠衰弱是指发生在树冠上的生长异常表现。树冠衰弱诊断主要是指观察整体状况是否与本树种的遗传特性相符，是否与本树种所处的年龄和健康水平相符。树冠常见问题及诊断方法如下。

2.2.1 自然衰老导致的树干主要大枝顶端干死

❶ 症状

树干主要大枝顶梢干死（如图2-44）。

❷ 诊断方法及结果判定

查看是否具备除了干死的大枝顶梢外，其余枝杈仍然生长健壮的特征，是否是高龄树木，并不具有因干旱、积

◀ 图2-44　嵩阳书院的二将军柏（巢阳 摄）

传说该柏是由汉武帝封为“二将军”，距今已有四千多年历史。从图中可以看出，顶梢枯萎，出现明显的向心更新现象。

水、病虫害等因素导致衰弱的特征，当满足上述条件时，可以确认是树木自然衰老，向心更新。

❸ 背景知识

(1) 主干、中心干和顶梢（李庆卫，2010）

树木的主干是指乔木地上部分的主轴，上承树冠，下接根系，即第一个分枝点以下到地面的部分。中心干即树木的主干在树冠中的延长部分，又叫中心领导干，支撑整个树冠并输导水分和养分。顶梢是指中心干的先端部分。

(2) 顶端优势

植物的顶芽优先生长而侧芽受抑制的现象。

(3) 离心生长（陈有民，1990）

树木自播种发芽或经营养繁殖成活后，以根颈为中心，根和茎均以离心的方式进行生长。即根具向地性，在土中逐年发生并形成各级骨干根和侧根，向纵深发展；地上芽按背地性发枝，向上生长并形成各级骨干枝和侧生枝，向空中发展。这种由根颈向两端不断扩大其空间的生长称为离心生长。

(4) 离心秃裸（陈有民，1990）

根系在离心生长过程中，随着年龄的增长，主根上早年形成的须根，由基部向根端方向出现衰亡，这种现象称为“自疏”；同样，地上部分由于不断的离心生长，外围生长点增多，枝叶茂密，使内膛光照恶化。壮枝竞争养分的能力强；而内膛骨干枝上早年形成的侧生小枝，由于所处低位，得到的养分较少，长势较弱。侧生小枝起初有利养分积累，开花结实较早，但寿命短，逐年由骨干枝基部向枝端方向出现枯落，这种树体在离心生长过程中，以离心方式出现的根系“自疏”和树冠的“自然打枝”，统称为“离心秃裸”。当离心秃裸发生后，表明离心生长日趋衰弱，具有长寿芽的树种，常于主枝弯曲高位处，萌生直立旺盛的徒长枝，开始进行树冠的更新，徒长枝仍按离心生长和离心秃裸的规律形成新的小树冠，俗称“树上长树”。

(5) 向心更新（陈有民，1990）

离心秃裸发生后，随着徒长枝的扩展，加速主枝和中心干的先端出现枯梢，全树有许多徒长枝形成新的树冠，逐渐代替原来衰亡的树冠。当新树冠达到最大限度时，同样会出现先端衰弱、枝条开张而引起的优势部位下移，从而又可萌生新的徒长枝来更新。这种更新和枯亡的发生，一般都是由冠外向内膛、由上而下直至根颈部进行的，故称为“向心更新”。

2.2.2　遮阴导致的树冠枝叶稀 疏，内膛大量枝条枯死

❶ 症状

树冠枝叶稀疏，内膛有大量枯死枝（如图2-45）。

❷ 诊断方法及结果判定

查看树木周围是否被建筑物和其他树木遮阴，若存在被建筑物和其他树木遮阴的问题，且该树木是阳性树，并且具备树冠枝叶稀疏、内膛有大量枯死枝的特征时，可以判读该树木的衰弱是因为遮阴所致。

❸ 背景知识

(1) 阳性植物

阳性植物是指在全日照下生长良好而不能忍受荫蔽的植物。例如落叶松属、松属（华山松、红松除外）、水杉、桦木属、桉属、杨属、柳属、栎属的多种树木、臭椿、乌桕、泡桐等。

(2) 阴性植物

阴性植物是指在较弱的光照条件下比在全光照下生长良好。这类植物多为生长在潮湿、阴暗密林中的草本植物。严格来说，木本植物中很少有典型的阴性植物而多为耐阴植物。

◀ 图2-45　处于高树夹缝中的一株小桧柏树（丛日晨 摄）

从图中可以看出，大部分枝条因缺光已经枯死。

2.3 树干异常诊断

树木树干上出现的问题，多是由病虫害及光温环境导致，但具体问题需具体分析。

2.3.1 日灼

❶ 症状

树皮呈烧烤状，严重者呈上下条状破裂状（如图2-46）。

在北方冬季，需要对一些树木进行树干防寒，在实践中发现，由于防寒措施不当，往往也能造成树木树干发生日灼，图2-47是用塑料布缠裹悬铃木的树干后，

▶ 图2-46　遭受日灼的树木干皮（丛日晨 摄）

▶ 图2-47　缠塑料布后发生了日灼的悬铃木树干（丛日晨 摄）

用塑料布缠裹树干，相当于为树干建造了一个类似“塑料大棚”的环境，在中午阳光的照射下，“棚”内温度会迅速升高，导致树干水分散失，久而久之，树干会因失水而死亡。

导致树干发生了日灼。其实在北方进行树木树干防寒的最佳方式就是缠草绳。

❷ 诊断方法及结果判定

多发生在冬春，若发现树干西侧树皮症状严重，即为日灼。轻微日灼不会造成树势立即衰弱，但是可能会成为病害和虫害的诱因。

❸ 背景知识

日灼（朱天辉，2003）是指强光照射和夏季高温干旱引发园林植物正常化程序破坏而导致的茎、叶、果的伤害。日灼症常发生在园林植物树干的南面或西南面，表现出不同的伤斑或其他异常变化。

2.3.2 真菌导致的树干或大枝流胶

❶ 症状

树干或大枝上有胶状物渗出，无色或褐色（如图2-48）。严重时有臭味。

❷ 诊断方法及结果判定

可直观观测到树干或大枝上有胶状物，多见于雪松、法桐、山桃、榆树等，流胶处多发生过物理性损伤。

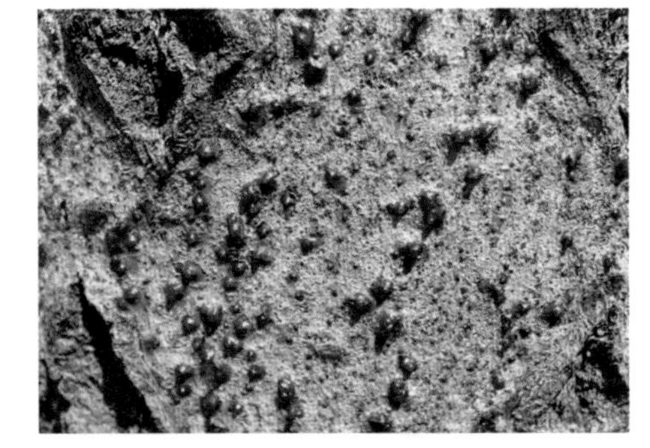

◀ 图2-48 真菌导致的杨树腐烂病（周江鸿 摄）

树干或大枝上有胶状物渗出，无色或褐色。

❸ 背景知识

(1) 物理因素导致的流胶

因霜害、冻害冻坏枝皮、病虫咬坏枝皮，或积水、干旱以及施肥不当、修剪过重、结果过多、土质黏重或土壤酸度过高等。

(2) 微生物侵染导致的流胶

病菌以菌丝体、分生孢子器经伤口侵入，或从皮孔及侧芽侵入引起初侵染，可进行再侵染。特别是雨天从病部溢出大量病菌，顺枝干流下或溅附在新梢上，从皮孔、伤口侵入，病部即可渗出胶液，随着气温上升，树体流胶点增多，病情加重，且土壤黏重、酸性较大、排水不良易发病。

2.3.3 冻害导致的树皮开裂、脱落

❶ 症状

春季至夏季树皮开裂（如图2-49）、干枯或成片状脱落。

❷ 诊断方法及结果判定

多发生在低洼、潮湿的栽植环境。若秋季浇水过多或雨水充沛，再加上冬季温度过低，会造成树干大面积冻裂，翌年春季树皮会脱落，进而导致树势衰弱或死亡。

❸ 背景知识

(1) 韧皮部（胡宝忠，2011）

韧皮部是由筛管、伴胞、韧皮薄壁组织和韧皮纤维共同组成的，功能为运输光合作用有机养料的运输组织。韧皮部通常位于树皮和形成层之间。

▶ 图2-49　柿子树树皮冻裂现象（丛日晨 摄）

2009年北京11月3日下暴雪，随后气温急降至-10℃以下，柿子树根茎以上1m左右的树皮多数被冻坏。

(2) 筛管（胡宝忠，2011）

筛管是运输有机物质（如糖类和其他可溶性有机物等）的一种输导组织，由筛管分子纵向连接而成，相连的端壁化为筛板，原生质联络索通过筛孔相互贯通，形成有机物质运输的通道。

(3) 涂白（陈有民，1990）

涂白是防治病虫害和延迟树木萌芽，避免日灼危害的重要防治方法。涂白剂的配置成分有多种，一

般常用的配方是：水10份，生石灰3份，石硫合剂原液0.5份，食盐0.5份，油脂（动植物油均可）少许。配置时要先化开石灰，把油脂倒入后充分搅拌，再加水拌成石灰乳，最后放入石硫合剂和盐水，也可加黏着剂，能延长涂白的期限。

(4) 冻害（陈有民，1990）

冻害是指树木受到冰冻以下的低温胁迫，发生组织和细胞受伤，甚至死亡的现象。

影响冻害的因素很复杂，从内因来说，与树种、品种、树龄、生长势及当年枝条的成熟及休眠与否均有密切关系；从外因来说，是与气象、地势、坡向、水体、土壤、栽培管理等因素分不开的。

(5) 冻害的防治方法

1) 贯彻适地适树的原则

因地制宜地种植抗寒力强的树种、品种和砧木，在小气候条件好的地方种植边缘树种，可大大减少越冬防寒的工作量，同时应注意栽植防护林和设置风障，改善小气候条件，预防和减轻冻害。

2) 加强栽培管理，提高抗寒性

加强栽培管理有助于树体内的营养物质储备。经验证明，春季加强肥水供应，合理运用排灌和施肥技术，可以促进新梢生长和叶片增大，提高光合效能，增加营养物质的积累，保证树体健壮。后期控制灌水，及时排涝，适量施用磷钾肥，勤锄深耕，可促使枝条及早结束生长，有利于组织充实，延长营养物质的积累时间，从而更好地进行抗寒锻炼。此外，夏季适时摘心促进枝条成熟，冬季修剪减少蒸腾面积，人工落叶等均对防冻害有良好的效果。同时在整个生长期内必须加强对病虫害的防治。

3) 加强树体保护，减少冻害

对树体的保护方法很多，一般的树木采取浇“冻水”和灌“春水”防寒。为了保护容易受冻的种类，采用全株培土如月季、葡萄等；根颈培土；涂白；主干包草；搭风障；北面培月牙形土埂等。以上防护措施应该在冬季到来之前做好准备，以免低温来得早，造成冻害，最根本的方法还是做好引种驯化和育种工作。

2.3.4　双条杉天牛危害导致的树势衰弱或死亡

❶ 症状

受害树木枝叶枯黄，甚至干枯死亡，树干上可见扁圆形羽化孔（如图2-49、图2-50）。

▶ 图2-50　柏树受双条杉天牛危害症状（仇兰芬 摄）

受害的柏树枝叶枯黄，甚至干枯死亡。

▶ 图2-51　双条杉天牛羽化孔（仇兰芬 摄）

受害的树木树干上可见扁圆形羽化孔。

❷ 诊断方法及结果判定

剖开受害树木的韧皮部，可见木质部的表面形成不规则的弯曲向上的扁平虫道，虫道内充满虫粪和木屑，天牛幼虫在木质部危害（如图2-52～图2-54）。

▶ 图2-52　双条杉天牛幼虫的蛀道（仇兰芬 摄）

受害树木木质部的表面形成不规则的弯曲向上的扁平虫道。

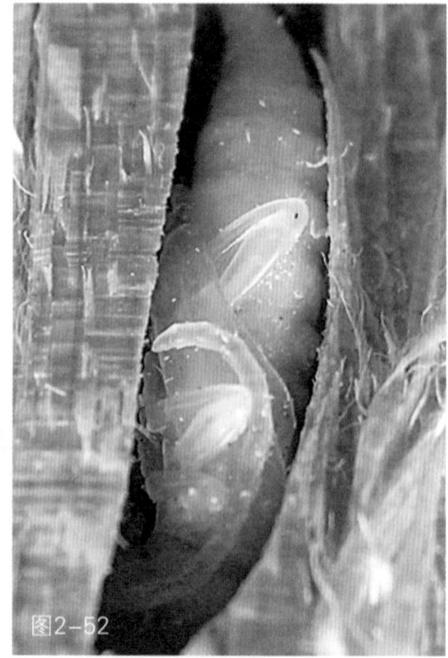

▶ 图2-53　双条杉天牛蛹（仇兰芬 摄）

❸ 背景知识

双条杉天牛是园林中最棘手的蛀干害虫之一，可造成柏树衰弱或死亡。双条杉天牛在北京地区8月下旬开始化蛹，9月上旬开始羽化，以成虫越冬，翌年2月份日平均气温超过10℃以后，成虫咬一扁圆形羽化孔飞出危害。

◀ 图2-54　双条杉天牛成虫（仇兰芬 摄）

双条杉天牛以成虫越冬，翌年2月份日平均气温超过10℃以后，成虫咬一扁圆形羽化孔飞出危害。

2.3.5　小蠹危害导致的树势衰弱或死亡

❶ 症状

受害的柏树针叶发黄、枯死，树干上可见大小约1mm的圆形羽化孔（如图2-55、图2-56）。

◀ 图2-55　受柏肤小蠹危害致死的柏树（仇兰芬 摄）

柏树针叶发黄、枯死。

◀ 图2-56　柏肤小蠹羽化孔（仇兰芬 摄）

树干上大量大小约1mm的圆形羽化孔。

❷ 诊断方法及结果判定

把受害树剖开，可发现树皮和木质部之间呈放射状的坑道（如图2-57），母坑道一般与被害枝干平行，坑道内有柏肤小蠹幼虫和成虫（如图2-58、图2-59）危害，由此可判断为柏肤小蠹危害。

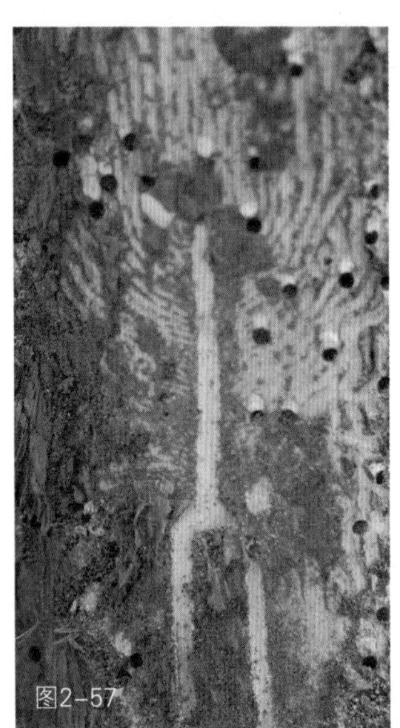

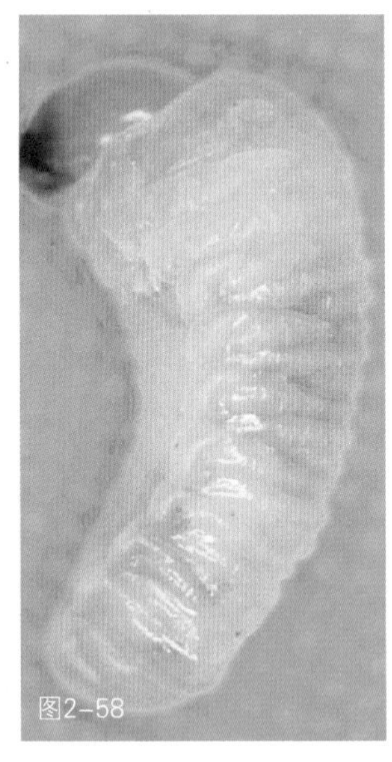

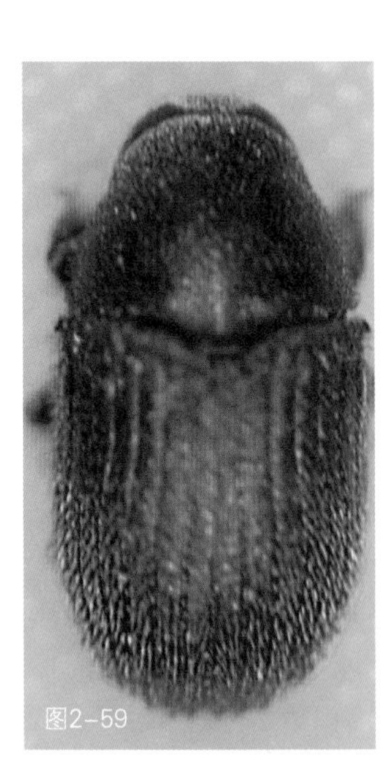

▶ 图2-57　柏肤小蠹危害坑道（仇兰芬 摄）

▶ 图2-58　柏肤小蠹幼虫（仇兰芬 摄）

▶ 图2-59　柏肤小蠹成虫（仇兰芬 摄）

❸ 背景知识

小蠹也是园林中最棘手的蛀干害虫之一，可造成柏树衰弱或死亡。小蠹虫体形微小，在树体内部危害，不易引人注意，分布广泛，数量繁多，往往在树皮下面密集成群，终生蛀食于树体内，在不知不觉中将树木毁掉，它的危害是十分严重的。

2.3.6　吉丁虫危害导致的树势衰弱或死亡

❶ 症状

多发生于油松，受害后的油松出现部分枯黄或整株枯死（如图2-60、图2-61）。

◀ 图2-60 受松黑木吉丁虫危害的油松（丛日晨 摄）

受害油松部分枯黄或整株枯死。

◀ 图2-61 松黑木吉丁虫的坑道（丛日晨 摄）

❷ 诊断方法及结果判确定

检查受害树干，可发现羽化孔，剖开被害树干表皮，在表皮下或木质部表面可见不规则弯曲蛀道，虫口密度大时，蛀道纵横交错，皮下布满木屑和虫粪，坑道内可见吉丁幼虫、蛹或成虫（如图2-62～图2-64）。

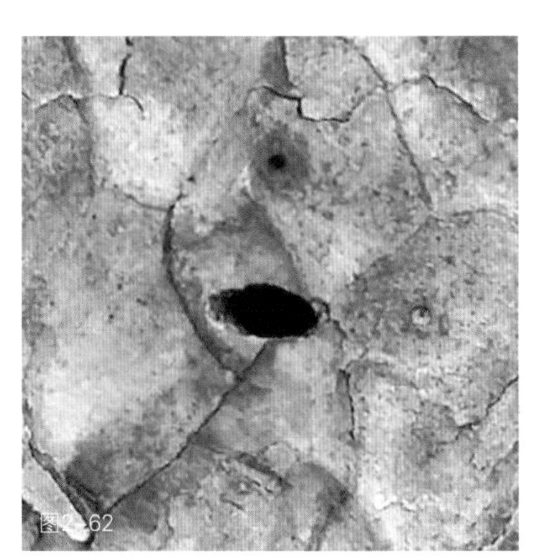

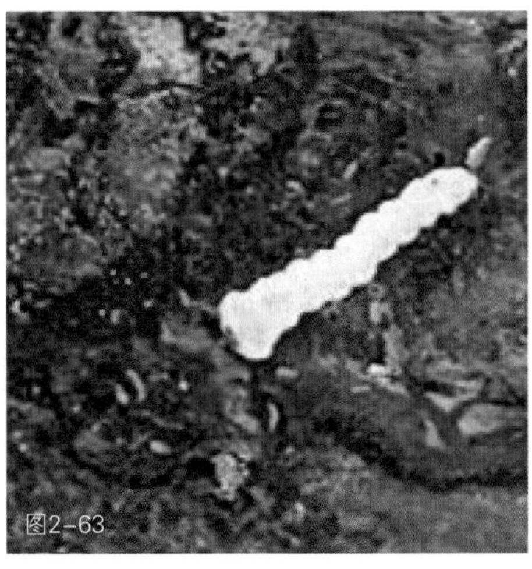

◀ 图2-62 松黑木吉丁羽化孔（仇兰芬 摄）

吉丁虫危害在树木受害初期很难发现，一旦在树干上发现有羽化孔时，被害树已经无法挽救。

◀ 图2-63 松黑木吉丁幼虫（仇兰芬 摄）

▶ 图2-64　松黑木吉丁成虫（仇兰芬 摄）

松黑木吉丁在北方地区主要为害油松。

③ 背景知识

松黑木吉丁在北方地区主要为害油松。该虫具有弱寄生性，平时在油松的枯弱枝上危害，一旦寄主树势衰弱，就会转移到主干上危害，导致树木死亡。新移栽的松树由于树势弱易受害。由于幼虫在油松的树皮与木质部之间串食，且木屑和虫粪留在蛀道内，排列紧密而整齐，树干外看不到被害情况，故受害初期很难发现，一旦在树干上发现有羽化孔时，被害树已经无法挽救。该虫的幼虫初孵化时乳白色，老熟幼虫黄白色，体长12～17mm。蛹为裸蛹，淡黄色，长12（11～13）mm，宽4.7（4.3～5.3）mm，近羽化时颜色变黑。

2.3.7　松大蚜危害导致的树势衰弱

① 症状

松大蚜主要是以成、若虫刺吸干、枝汁液。发生严重时，针叶尖端发红发干，针叶上有黄红色斑，枯针、落针明显。树下蜜露明显，蜜露较多的针叶可沾染大量灰尘，引起煤污病，影响松树生长（如图2-65、图2-66）。

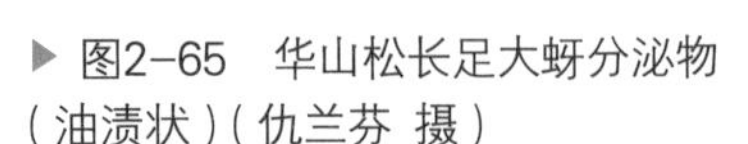

▶ 图2-65　华山松长足大蚜分泌物（油渍状）（仇兰芬 摄）

▶ 图2-66　华山松长足大蚜危害嫩梢（仇兰芬 摄）

❷ 诊断方法及结果判定

受害树的周围可见大量蜜露，观察松树的枝干、小枝等，可见聚集在一起的蚜虫（如图2-67、图2-68）。

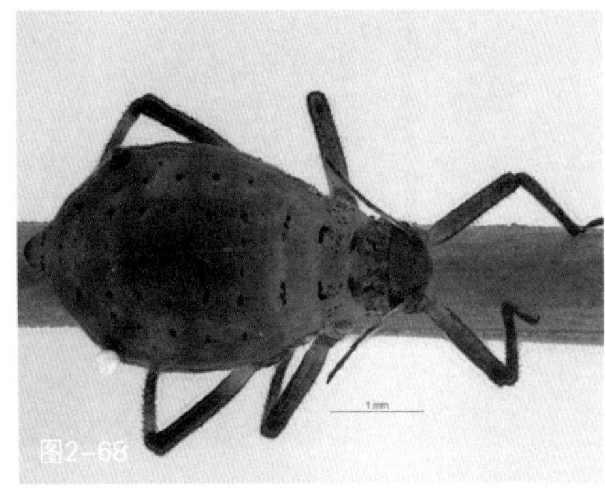

◀ 图2-67　华山松长足大蚜聚集成群（仇兰芬 摄）

◀ 图2-68　雪松长足大蚜（仇兰芬 摄）

❸ 背景知识

松大蚜的发生与气候环境密切相关，气温较高、湿度较低的情况，有利于松大蚜的发生。松大蚜1年发生10多代，以卵在松针上越冬，4月中旬开始孵化为若虫，5月上旬出现干母。1头干母能胎生30多头雌性若虫，若虫长成后继续胎生繁殖。10月上旬，出现性蚜。性蚜交配后，雌虫产卵越冬，卵整齐排列在松针上。每年的5～6月、10月发生为害严重，尤以秋季更为严重。

2.3.8　光星肩天牛危害导致的树势衰弱或死亡

❶ 症状

受光肩星天牛为害的柳树易出现枯梢、折断，大枝、干部可见圆形羽化孔或排粪孔，危害严重时树木死亡（如图2-69、图2-70）。

❷ 诊断方法及结果判定

检查受害树，在主干或大枝上可见到天牛排粪孔有褐色的木屑排出，剖开韧皮部，可见天牛的坑道，低龄天牛幼虫在韧皮部蛀食危害，3龄以后进入木质部为害。幼虫老熟时体长约50mm，白色，前胸背板后半部色深呈“凸”字形斑（如图2-71～图2-74）。

▶ 图2-69　受光肩星天牛危害的柳树（仇兰芬 摄）

▶ 图2-70　光肩星天牛羽化孔（仇兰芬 摄）

▶ 图2-71　光肩星天牛成虫（仇兰芬 摄）

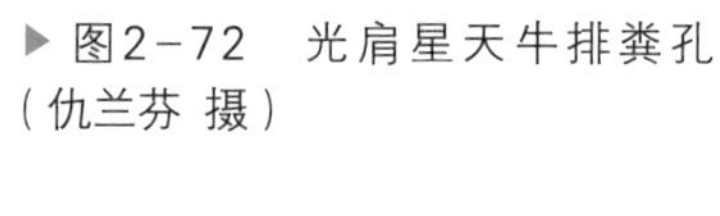

▶ 图2-72　光肩星天牛排粪孔（仇兰芬 摄）

▶ 图2-73　光肩星天牛低龄幼虫的危害坑道（仇兰芬 摄）

▶ 图2-74　光肩星天牛老熟幼虫（仇兰芬 摄）

❸ 背景知识

光肩星天牛主要危害加杨、美杨、小叶杨、旱柳和垂柳等树。专危害生长势中等偏弱的树木，属于危害生长势中等偏弱型的先锋虫种。对幼、中、老各生长期的树木皆蛀害，属于常发性害虫，主要危害幼龄树的树干，中龄树的主枝，尤其是分杈处较重。1年发生1代，或2年发生1代。以幼虫或卵越冬。翌年4月份气温上升到10℃以上时，越冬幼虫开始活动为害。5月上旬至6月下旬为幼虫化蛹期。6月上旬开始出现成虫，盛期在6月下旬至7月下旬，直到10月份都有成虫活动。6月中旬成虫开始产卵，7、8月间为产卵盛期，卵期16天左右。6月底开始出现幼虫，到11月气温下降到6℃以下，开始越冬。

第3章 | 树木地下部异常诊断

3.1 根系及根际环境异常诊断

土壤和根系情况是影响树木健康生长的最关键因素，而恶劣的土壤状况又是导致根系死亡的主要原因。

3.1.1 埋干或填方过深导致的树木衰弱或死亡

❶ 症状

树势衰弱，枝细叶黄。

❷ 诊断方法及结果判定

明显发现树干被囤埋太深，并发现除囤埋之外没有明显的其他导致树木衰弱的因素（如图3-1）。

但是，不同树种被囤埋后的反应存在不同。图3-2是一株被囤埋很长时间的侧柏树，地上部除偶见部分鳞叶生长不旺盛外，其他均表现正常。经挖掘后，发现干上已经生长出大量不定根。

❸ 背景知识

(1) 根颈（陈有民，1990）

树木地上部主干和地下部交界处成为根颈。

(2) 厌氧菌（黄昌勇，2000）

◀ 图3-1 深埋导致树木衰弱（丛日晨 摄）

图中所示树木为北京某公园的一株古白皮松，自20世纪90年代起就开始衰弱，用尽各种办法均没能使衰弱树势逆转，直至2006年死亡。死亡后发掘时发现，该树被围埋1m左右，根茎处皮已经全部腐烂。

◀ 图3-2 经长时间围埋后干上生长出不定根的侧柏树（宋立洲 摄）

该侧柏树地上部除偶见部分鳞叶生长不旺盛外，其他均表现正常。经挖掘后发现干上已生长出大量不定根。

土壤微生物的呼吸作用分为有氧呼吸和无氧呼吸。进行无氧呼吸的细菌类群称为厌氧菌，通常厌氧菌在无氧状态下才可生长和繁殖。根颈周围填方过深阻滞了根系土壤空气和水的正常运动，土壤通气性差，根系与根际微生物因窒息而死亡；由于气体交换困难，厌氧环境下厌氧细菌数量骤增，厌氧细菌的繁衍产生有毒物质会毒害根系。

3.1.2 根系裸露导致树木衰弱

❶ 症状

树体衰弱，或遇雷雨天气时倒伏。

▶ 图3-3 根系裸露导致树木衰弱（丛日晨 摄）

这株松树处于一风景名胜区，由于长期受游人的践踏，裸露的根系出现了脱皮、死亡的现象，减弱了水分和矿物质的向上疏导。

❷ 诊断方法及结果判定

直观到树木上部的根系直接暴露在空气中。在阳光暴晒、雨水的淋刷等作用下，时间久后造成根系死亡，使根系失去了其正常功能，不能向地上部供应水分和养分，进而导致树木衰弱（如图3-3）。

❸ 背景知识——根系的作用（胡宝忠等，2011）

根是植物长期演化过程中适应陆地生活中发展起来的植物器官，其主要功能包括以下几个。

- 支持与固定作用。根系支持植物体地上部分茎叶系统，并把植株牢固固着在复杂多变的自然环境中，并克服根系先端部分向紧密土壤中生长时产生的压力。

- 吸收作用。根能够从土壤中吸收大量的水分，植物一生中所需要的水分主要由根吸收而获得。根还可以吸收土壤溶液中的无机盐、少量含碳有机物、可溶性氨基酸、有机酸、维生素及植物激素等，以及溶于水中的二氧化碳和氧气。
- 输导作用。植物根系中的维管系统将吸收的水分、矿质盐及其他物质运往地上部分，供给茎、叶和花的生长与发育等生命活动的需要。同时也接受地上部分合成的营养物质，以供给根的生长和生理活动所需。
- 合成和转化作用。根可以合成多种有机物，如氨基酸、生物碱及激素等物质。当病菌等异物入侵时，根系可合成“植物保卫素”，发挥防御功能。此外，根还可将土壤中的无机氮、无机磷转化为有机氮、有机磷；一些块根还能将叶部运来的可溶性糖转化为不溶性碳水化合物。
- 分泌作用。根可分泌近百种物质，包括糖类、氨基酸、有机酸、脂肪酸、固醇、生物素和维生素等生长物质，以及核苷酸和酶等。这些分泌物有的可减少根系生长过程中与土壤的摩擦力；有的可在根表形成促进吸收的表面；有的对其他种植物是生长刺激物或毒素等。
- 储藏作用。根的薄壁组织较发达，可用于储藏养分。
- 繁殖作用。有的植物根系具有营养繁殖能力。

3.1.3　受地下管线影响导致树木死亡

❶ 症状

树木叶片（针叶）稀疏，树体衰弱，翌年春季萌芽后突然死亡。

❷ 诊断方法及结果判定

观测到周边同类树木生长正常，探土发现根系接触管线（如图3-4），可以确定为管线致使根系生长受阻或使根系周边土壤发生严重干旱，使根系死亡。尤其是热力管线，对树木的伤害是致命的。

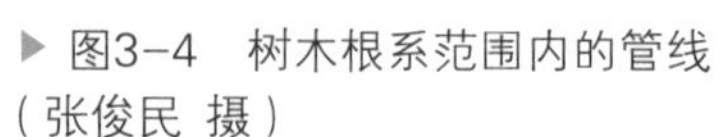

▶ 图3-4　树木根系范围内的管线（张俊民 摄）

观测到周边同类树木生长正常，探土发现根系接触管线，可以确定为管线致使根系生长受阻或使根系周边土壤发生严重干旱，使根系死亡。

图3-5栽植在中间隔离带的银杏，连年出现叶小、物候期紊乱、枯梢甚至死亡的现象，经探土发现，根部下方埋设了大量管线（如图3-6）。

▶ 图3-5　枯死的银杏树（丛日晨 摄）

中间隔离带中的银杏，连年出现叶小、物候期紊乱、枯梢，甚至死亡的现象。

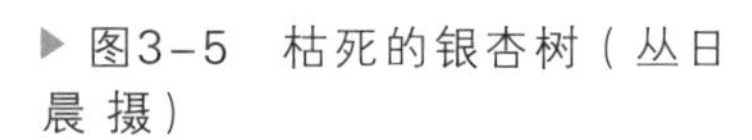

▶ 图3-6　根部下方的管线（丛日晨 摄）

根部下方埋设的大量管线影响了根系的正常生长，甚至导致其死亡。

3.1.4　营养面积过小导致树木夏季焦叶、树势衰弱

❶ 症状

树势衰弱，枝细叶黄。

❷ 诊断方法及结果判定

直观到营养面积过小，周围多为水泥硬化路面或铺装（如图3–7）。

◀ 图3–7　铺装导致油松衰弱（丛日晨 摄）

由于扩路，原本是园土的一侧，被铺成了供通行的硬化路面，使树木迅速衰弱下来。由此看来，铺装对树木的影响，一是来自铺装时对树木根系的破坏，二是来自铺装后铺装材料造成的土壤透水、透气性的降低。

3.1.5　树木根系接触石灰导致树木衰弱或死亡

❶ 症状

树木枝细叶黄，树势衰弱。

❷ 诊断方法及诱因判读

探土发现根系周边遗留石灰，多发生在新建构筑物周边的树木。由于石灰的pH值过高，会导致根系活力和吸收矿物质的能力降低。这种情况多发生在建筑周

边的树木，这些树木在幼龄时，根系接触不到被遗留在土壤里的石灰，但随着树龄的增长，根系接触到石灰，树木便显现出了症状，受害症状与受融雪剂伤害的症状相似（如图3-8）。

▶ 图3-8　因接触到石灰导致半侧树冠死亡的侧柏（张俊民 摄）

检测与树冠死亡的同侧的土壤根系，发现了遗留下的大量石灰。

③ 背景知识

(1) 土壤pH值（林大仪等，2011）

土壤pH值即土壤溶液的酸碱度，是土壤溶液中H^+和OH^-的浓度比例变化表现出来的性质。如土壤溶液中H^+浓度大于OH^-浓度，土壤呈酸性反应；如OH^-浓度大于H^+浓度，则土壤呈碱性反应；两者相等时，则呈中性反应。但是，土壤溶液中游离的H^+和OH^-的浓度又和土壤胶体上吸附的各种离子保持着动态平衡关系，所以土壤酸碱性是土壤胶体的固相性质和土壤液相性质的综合表现。

(2) 植物的喜酸碱性（林大仪等，2011；武维华，2005；陈有民，1990）

一般来说，植物对土壤酸碱性的适应范围较广，不同植物对土壤的pH值适应范围有所不同。有些植物对酸碱反应敏感。植物正常吸收矿质营养元素的过程需要在适合的土壤pH条件下进行，而不同植物对土壤pH的要求也不尽相同。如茶树、烟草等喜偏酸性的土壤环境，而甘蔗、甜菜等则喜偏碱性土壤环境。对多数植物而言，最适生长的土壤酸碱度约在pH6～7之间。依据植物对土壤酸度的要求，可分为以下三类。

- 酸性土植物。在呈或轻或重的酸性土壤中生长最好、最多的种类。土壤pH在6.5以下。这类植物包括马尾松、油桐、红松、大多数棕榈科植物等。
- 中性土植物。在中性土壤上生长最佳的种类。土壤pH在6.5～7.5之间。大多数树木均属于此类。
- 碱性土植物。在碱性土壤上生长良好的植物。土壤pH在7.5以上。例如柽柳、紫穗槐、沙棘、沙枣、杠柳等。

3.1.6 建筑垃圾导致树木漏水、漏肥死亡

① 症状

树势衰弱，枝细叶黄，极易发生干旱。

② 诊断方法及结果判读

探土发现树木栽植于建筑垃圾上（如图3-9），营养瘠薄，易发生漏水漏肥。

▶ 图3-9　建筑垃圾上的树堰（李全明 摄）

从图中可以看出，树堰底部有砖石、煤灰渣等。栽植上树木以后，会发生漏水、漏肥或不透水、透气现象，导致树木因干旱或积水而死亡。

③ 背景知识——建筑垃圾

建筑垃圾是指建设、施工单位或个人对各类建筑物、构筑物、管网等进行建设、铺设或拆除、修缮过程中所产生的渣土、弃土、弃料、淤泥及其他废弃物。

3.1.7　生活垃圾导致树木衰弱或死亡

① 树木可能的表现

树势衰弱，枝细叶黄。

② 诊断方法及结果判读

探土发现树木根系周边有大量的生活垃圾，并有污水污染土壤，如图3-10。生活垃圾发酵产生的有毒物质毒害根系，导致根系活力或吸收矿物质的能力降低。

◀ 图3-10　整地时混入生活垃圾（李全明 摄）

由于我国人口众多，生活垃圾处理是每个城市头疼的问题。我国各城市通常在城市的周边采用填埋的方式处理生活垃圾，然后再在垃圾上回填素土，进行绿化。当回填素土的深度不够时，栽植的深根性树木会因触及到垃圾或其渗滤液而发生死亡。

③ 背景知识——生活垃圾

生活垃圾是指在日常生活中或者为日常生活提供服务的活动中产生的固体废物以及法律、行政法规规定视为生活垃圾的固体废物。

3.1.8　根腐病导致树木衰弱

① 症状

先是树冠部分枝条上的叶片发黄或干枯，进而其他枝陆续死亡。

② 诊断方法及结果判定

探根发现与发黄或干枯枝同侧的毛细根死亡，死亡毛细根上有白色絮状物或黑色线状束覆盖，即可判定为根腐病（如图3-11）。由几百种土携细菌或真菌引致的植物根系腐烂病，特征是植物解体腐败。腐朽可以是硬的、干的、海绵状的，或是多水的、粥糜状或黏性的。

▶ 图3-11 腐烂的樱花根系（丛日晨 摄）

探根发现发黄或干枯枝同侧的毛细根死亡，死亡毛细根上有白色絮状物覆盖。

❸ 背景知识——根腐病（朱天辉，2003）

(1) 根腐病致病病原物

根腐病多为担子菌亚门中的小蜜环菌和发光假蜜环菌所致，以前者为主。

根腐病是一种分布广、危害严重、多寄主的病害。国外已有65个国家报道有此病疫情。我国近20余省份均有分布，可危害针、阔叶树200余种，包括红松、落叶松、云杉、栎、杨、柳、榆、椿、刺槐、桑、苹果、桃、杏、枣等多种园林或园艺树木。常导致根系和根茎部分腐朽，甚至全株枯萎死亡。

(2) 根腐病子实体形态

小蜜环菌子实体伞状，高5～10cm，菌盖肉质，表面淡蜜黄色，中心部稍带褐色，初为半球形，后开展为中心突起的斗笠形，表面中心常有纤维状细绒毛组成的鳞片，菌盖下面有放射状排列菌褶，延生至菌柄上。菌褶白色不分枝，菌柄直径0.4～0.7cm。基部常膨大，内部充实。在菌柄上1/3处生膜状白色菌环，易消失。担孢子无色，卵形或椭圆形，光滑，孢子粉白色。菌索黑褐色，先端针芒状、似绳索。发光假蜜环菌与小蜜环菌的主要区别是菌索白色，先端钝圆、线状、鹿角状或甜菜根状，无菌环。

(3) 根腐病的实验室鉴定方法

根腐病属真菌性病害，故其鉴定方法参考真菌病原物鉴定方法（见2.1.7叶片白粉病导致树木衰弱）。

3.1.9 根系向上生长

❶ 症状

树木在经受极端天气后，极易发生倒伏、干旱、冻害等。

❷ 诊断方法及结果判定

探土发现毛细根系向上长（如图3-12），多因地表水分过大、深层土壤缺少水分所致。

◀ 图3-12 向地表方向生长的树木根系（丛日晨 摄）

由于北方大多数城市的地下水位已在-20m以下（有的城市已达-100m以下），树木不能吸收到深层水分，当地表有充足的水分时，便向地表方向生长，尤其是当地表被草坪覆盖时，这种现象更为严重。

3.1.10 根系瘤状物导致树木衰弱或死亡

❶ 症状

树木表现为树势衰弱、枝叶细甚至死亡。

图3-13

▶ 图3-13 樱花根癌病（丛日晨 摄）

探根发现根部有大量瘤状物，即可判定为根癌病。感病植物根系出现瘤状癌变，地上部分生长缓慢，枝条干枯甚至枯死。

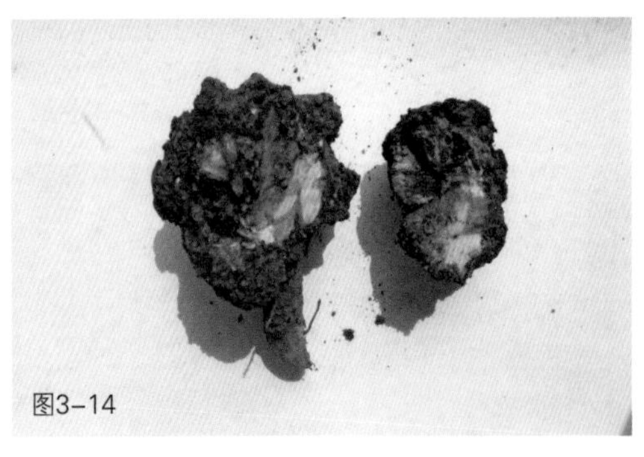
图3-14

▶ 图3-14 被切开的樱花根瘤（丛日晨 摄）

❷ 诊断方法及结果判定

探根发现根部有大量瘤状物，即可判定为植物根癌病。图3-13和图3-14是染了樱花根癌病后根的情况。

❸ 背景知识

(1) 导致根癌病的病原物

根癌病又称冠瘿病或根瘤病，其病原为薄壁菌门革兰阴性好氧菌根瘤菌科中的一种根瘤土壤杆菌。

根癌病具有分布广、多寄主，危害严重的特点。根癌病为世界性病害，能侵染600余种植物，包括森林植物、经济林植物、园林植物的331个属，特别在杨柳科、蔷薇科植物上最为常见。感病植物根系出现瘤状癌变，地上部分生长缓慢，枝条干枯甚至枯死，对苗木和幼树影响很大。

(2) 根癌病的实验室检测方法

根癌病属于细菌性根部病害，因此其病原物的检测方法参考细菌病害的检测方法。

需注意的是，根癌病病原菌只在病瘤表层生长，分离菌种时，应从新鲜病瘤上采集一小块接种到番茄植株上，待发病后，再取病组织分离。

(3) 根癌病的防治

- 植物检疫。把好产地检疫关，发现病苗立即销毁。

- 避免连作。选择未感染根癌病的地区建立苗圃，如果苗圃地已经被污染需进行3年以上的轮作，以减少病菌的存活数量。
- 化学防治。园林养护中常用链霉素100～200倍液浸泡20～30分钟，用清水冲洗后再栽植。
- 外科治疗。对于初病植株，用刀切除病瘤，然后用石灰乳或波尔多液涂抹伤口。

3.2 土壤养分标准

人们一直想试图建立起土壤养分状况与树木健康水平之间的联系，但是除了极端情况（如土壤严重的贫瘠沙化或土壤高度黏重）外，这种相关关系十分难以确定，这与三个因素有关系。

- 树木的根系十分庞大，不但有纵向分布，而且还有复杂的横向分布，不同根系部位周边的土壤状况可能不同，取土样时有可能取不到有代表性的土样；
- 树木利用土壤养分的机理十分复杂，即使是在树木养分状况非常理想的情况下，由于某种其他的原因，如离子本身的拮抗以及干旱、积水、冷冻、病虫害等都会造成吸收养分方面的困难；
- 树木对养分的需求存在一定范围，若不高于临界最高点或最低点，一般不会出现明显外观衰弱症状。

即便如此，在进行树木衰弱诊断工作中，熟知土壤中的养分标准仍然是十分重要的。

3.2.1　土壤中的有机质标准

土壤中有机质的含量影响着树木的生长，当有机质缺乏时，树木的生长会变得滞缓。按照我国相关标准的规定，以有机质含量水平界定的土壤肥力水平见表3-1。在进行诊断时，可参照本表进行。

表3-1 不同肥力水平下的有机质含量

肥力水平	有机质含量	
	g/kg	%
高肥力	＞15.0	＞1.5
中等高肥力	10.0～14.0	1.0～1.4
低肥力	5.0～10.0	0.5～1.0
贫瘠	＜5.0	＜0.5

3.2.2 土壤中的有氮肥标准

同样，土壤中氮肥的水平影响着树木的生长，当土壤缺氮时，树木的生长会变得滞缓。按照我国相关标准的规定，土壤中氮含量水平见表3-2。在进行诊断时，可参照本表进行。

表3-2 不同肥力水平下的氮含量

含量水平	全氮（%）	水解氮mg/kg
很丰富	＞0.3	＜30
丰富	0.16～0.3	30～60
中等	0.08～0.16	60～90
低	0.03～0.08	90～120
极低	＜0.03	＞120

3.2.3 土壤中的pH标准

土壤的酸碱性对植物的生长是至关重要的，如一些酸土植物像杜鹃花等很难在碱土环境里正常生长。油松、白皮松虽然不像杜鹃对土壤的酸碱性要求的那样严格，但是较高的pH值环境一般会导致这两个树种的生长受到影响。按照我国相关标准的规定，土壤的酸碱水平见表3-3。在进行诊断时，可参照本表进行。

表3-3　土壤的酸碱性

酸碱性	pH值
强酸性	＜4.6
酸性	4.6～5.5
微酸性	5.6～6.5
中性	6.6～7.4
碱性	7.5～8.5
强碱性	＞8.5

3.2.4　土壤中的钾含量标准

钾是植物所需的大量元素之一，土壤中钾含量供应不足，植物表现为老叶生斑点（黄色或白色），斑点后期呈现坏疽状。土壤中钾含量的高低水平见表3-4。

表3-4　土壤中钾含量水平

缓效钾	测定值（mg/kg）	速效钾	测定值（mg/kg）
高	＞600	高	116
中等	300～600	中等	84～116
低	＜300	低	51～83
		极低	＜50

3.2.5　土壤中的磷含量标准

磷也是植物所需的大量元素之一，土壤中磷供应不足，植物表现为叶片暗绿色，下部叶片后期出现紫色或红色斑点，并能呈现坏疽状。土壤中磷含量的高低水平见表3-5。

表3-5　土壤中磷含量水平

水平	测定值（mg/kg）
高	＞10.0
中等	5.0～10.0
低	＜5.0

第4章 | 树木栽植环境对树木的影响

树木的栽植位置或环境影响着树木的正常生长，有时会导致树木的衰弱或死亡。在诊断时，应十分注意。

4.1 地上环境对树木的影响

4.1.1 靠近道路导致树木衰弱

❶ 症状

在夏季叶片干枯，枝条生长量小。特别是银杏，表现尤为严重。

❷ 诊断方法及结果判定

直观到树木在路边，营养面积小，水、气条件不理想。图4-1是栽植在路边的银杏，叶片发生了焦叶，而不远处绿地中的银杏，叶片十分健康（如图4-2）。

▶ 图4-1 叶片焦枯的银杏行道树（王永格 摄）

路边的树木，营养面积小，水、气条件不理想，出现焦叶的现象。

造成上述情况的主要原因之一是立地土壤环境的存在巨大不同。图4-3是路边行道银杏的栽植环境，四周全被柏油和灰土垫层圈了起来，形成了一个类似花盆的环境；图4-4则是绿地中银杏的栽植环境，从中可以看出，二者有天壤之别。

◀ 图4-2　栽于绿地中健康的银杏树（王永格 摄）

绿地中栽植的银杏树，地上环境良好，叶片十分健康。

▶ 图4-3　路边银杏树的栽植环境（张俊民 摄）

柏油路的基本结构是：最上层是柏油，下面是30～50cm左右的垫层，为增加荷载，垫层必须加入石灰。

▶ 图4-4　绿地中银杏树的栽植环境（丛日晨 摄）

绿地中银杏树的立地土壤环境优良，对银杏的健康生长起着重要作用。

❸ 背景知识

(1) 树木的营养面积（沈国舫，2001）

树木营养面积是指树木树冠的在水平方向的垂直投影面积，通常投影区域为树木的根系分布区。

(2) 树木对土壤透气性的需求（陈有民，1991）

树木要求土壤具有一定程度的通气性。土壤通气性良好，则可促进土壤微生物活动，有利于难溶养分的分解，提高土壤肥力。

土壤水分过多会影响土壤的透气性，尤其是黏重的土壤，从而造成氧气不足，抑制根系系统呼吸，减退吸收机能，严重缺氧时，根系进行无氧呼吸，容易积累酒精使蛋白质凝固，引起根系死亡。

4.1.2　距离建筑物太近导致树木衰弱

❶ 症状

叶片发黄，树势弱，甚至死亡。

❷ 诊断方法及结果判读

直观到树木被建筑包围，遮阴或营养面积小，或无灌溉条件、无排水条件。若建筑物遮挡阳光，树木特别是油松、侧柏等喜光树木会因光照不足而衰弱（图4-5）；建筑物周边多被硬化，树木营养面积小，也会造成树木衰弱；有时受建筑物影响，树木长期得不到灌水，当遇到干旱年份时，会造成树木严重衰弱；树木被建筑物包围，雨季时造成的积水排不走，也会造成树木衰弱。

另外，在实践中发现，生长在建筑物北侧的一些常绿树如油松、白皮松等，虽然营养面积很大，但是发生问题的几率远远高于栽植在建筑物南面的树木，经调查发现，建筑物北侧的土壤在春季的解冻时间要比南侧土壤晚20天左右，特别是有一些年份，春天白天急速升温，芽萌发迅速，而此时土壤还未解冻，不能及时提供水分供应，便造成了新稍因缺水发生黄化。

▶ 图4-5　被高大楼体遮挡的雪松（丛日晨 摄）

建筑物遮挡阻光，喜光树木因光照不足而衰弱。

③ 背景知识

植物的光合作用（武维华，2003）

光合作用是植物利用光能、同化二氧化碳和水制造有机物质并释放氧气的过程。光合作用不仅是植物体内最重要的生命活动过程，而且也是地球上最重要的化学反应过程，地球上几乎所有的有机物质都直接或间接的来源于光合作用。光合作用的总体过程可以用以下方程式表示：

$$CO_2 + H_2O = (CH_2O) + O_2$$

式中CH_2O表示的是糖的一部分。

4.2 地下环境对树木的影响

4.2.1　栽植于地下顶板上导致树木衰弱

① 症状

树木偶见秃梢，特别是早春干旱时，树木极易发生干旱（如图4-6）。

② 诊断方法及结果判定

探土发现树木栽植于地下顶板之上，土层过浅。由于树木与自然土隔离，吸收不到地下水，极易发生干旱；又因与自然土隔离，导致排水不畅，又易发生积水；由于覆土过薄，易导致根系受冻，或在雷雨天气，树木发生倒伏。

图4-6　地下停车场上生长的油松（董爱香 摄）

因栽植于地下顶板上，土层过浅，树木发生干旱，缺水导致秃梢。

③ 背景知识

(1) 覆土绿化

是指在地下构筑物顶板

上覆土后进行的绿化。覆土绿化要求的深度，按照《北京地区地下设施覆土绿化指导书》的建议，回填厚度300cm，最低不小于150cm，不应回填渣土、建筑垃圾土和有污染的土壤。

(2) 地球的水循环（李长宝，2010）

地球上的水分循环又称为水文循环。地球上的水，在太阳辐射能的作用下，不断地从水面、陆面和植物表面蒸发、蒸腾，化为水汽进入空气大气层，然后被气流带到其他地区，在适当的条件下凝结，又以降水形式降落到地表形成径流。水的这种不断蒸发、输送、凝结、降水和径流的往复循环过程，称作水分循环。

地球上的水分循环由大循环和小循环组成。大循环是海陆间的循环，从海洋上蒸发的水汽被气流带到陆地上空，在适当的天气条件下，又以降水形式降落到地表，其中一部分又蒸发返回大气，还有一部分或渗入地下形成地下径流，或沿地面流动形成地表径流，通过江河汇集回归海洋。小循环又可分为两种：一是海洋小循环，即由海洋表面蒸发的水汽在海洋上空以降水的形式返回海洋，另一种是内陆小循环，即由陆地表面蒸发的水汽，在内陆上空以降水形式返回陆地。

全球每年约有57.7万km^3的水参加水分循环。水分循环的内因是在自然条件下能进行液态、气态和固态三相转换的物理特性，外因是太阳辐射能和地球引力。水分循环是自然界最重要的物质循环之一。它影响着一个地区的气候和生态，塑造地貌和实现地球化学物质的迁移，像链条一样连接着全球的生命，为人类提供不断再生的淡水资源和水能资源。

水是地球上最丰富的无机化合物，也是生命组织中含量最多的一种化合物。水的溶解性、流动性和比热容高等理化性质，使地球上的水循环成为地球上一切物质循环和生命活动的媒介。没有水循环，生态系统就无法运行，生命活动就会消失。

4.2.2 栽植位置近水系或低洼地导致树木衰弱

❶ 症状

“绿蔫”或老叶、新叶均发生焦边，叶柄软绵（如图2-7），并有大量落叶，雨季过后，萌发新叶。严重时，树冠顶稍枯死。

◀ 图4-7　因积水树冠顶梢枯死的国槐（丛日晨 摄）

根系长期积水导致树冠顶部枝条枯死的根本原因是因为积水导致大量毛细根死亡所致，由于毛细根长期浸泡在水中，便因缺氧发生死亡。

图4-7是一株栽植在人工湖边侧的一株国槐，树冠顶部部分枝条干枯。在对其周边环境查看时发现，因该株国槐栽植位置低于边侧人工湖水平面，湖水源源不断地渗漏到根系周围，使根系长期处于水泡之中（如图4-8）。

❷ 诊断方法及结果判定

探土观察地下水位是否过高；塘、池中水是否发生回渗，导致树木发生泡根现象；观测树木栽植位置是否位于低洼易积水处。

❸ 背景知识——植物的耐水性（陈有民，1990）

不同园林植物的耐水性存在差异。按照植物的耐涝性可分为耐涝力最强、较强、中等、较弱和最弱5个等级。

其中耐涝能力最强的树种能耐受3个月以上的深水浸淹，且水退后生长正常，这类植物包括柳、桑、杜梨、柽柳、紫穗槐、落羽杉等。

耐涝力最弱的树种，一般水仅淹没地表或根系一部分至大部分时，经过不到

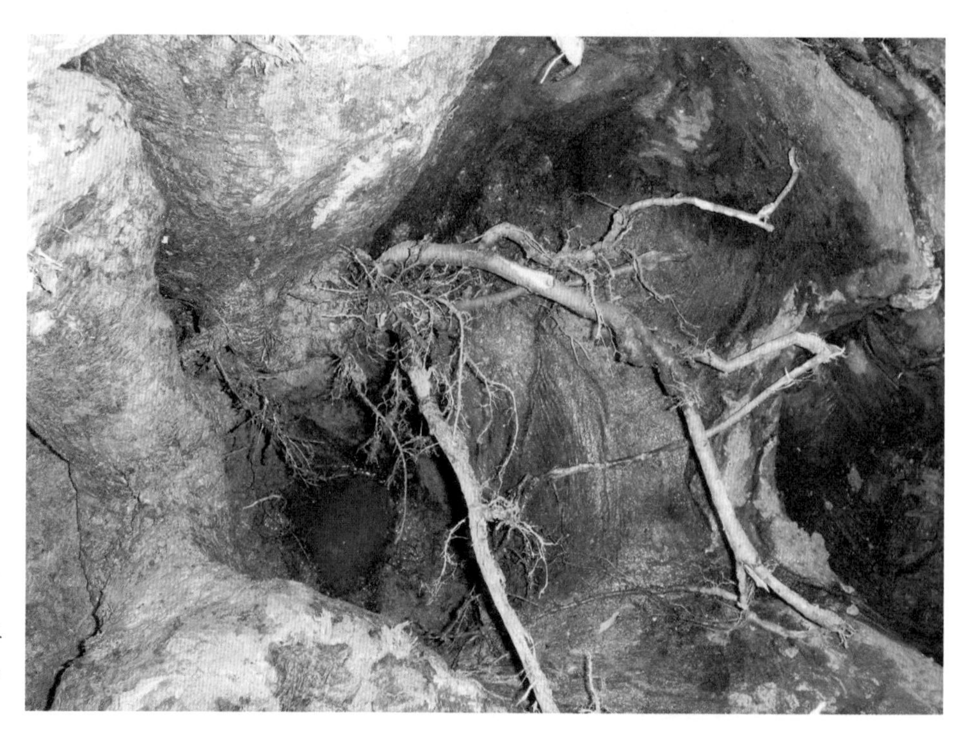

▶ 图4-8 根部积水（丛日晨 摄）

该株国槐栽植位置低于边侧人工湖水平面，湖水渗漏到根系周围，使根系长期处于水泡之中。

一周的短暂时期即趋枯萎而无恢复生长的可能。这类园林树木主要有马尾松、杉木、柳杉、柏木、构树、玉兰、杜仲、蜡梅、桃、刺槐、盐肤木、栾树、木芙蓉、梧桐、泡桐、楸树等。

但是，由于在20世纪90年代以来，北京的地下水位每年以1.5m的速度下降，至2013年时，已下降至-40m左右。前文所述，2015年北京市园林科学研究院在试验田里对油松、北美海棠、国槐、银杏、白蜡、桧柏进行水淹试验，淹水33天后，发现所试树木表现出相当强的耐水性。由此推测，植物的耐涝力是与地下水位密切相关的（详见2.1.4）。

4.2.3　栽植位置存不住水导致树木因干旱而衰弱

❶ 症状

叶片黄化以顶部最为严重，叶片焦边，但叶片厚度正常，叶片大小小于正常叶片，叶柄硬实，严重时整株死亡（如图4-9）。

❷ 诊断方法及结果判定

观测树木栽培位置，是否存在无灌溉条件或不能蓄存水，并且观测树木是否发生干旱特征。

◀ 图4-9　因不能蓄存水分而死亡的柏树（张军民 摄）

该柏树的栽植位置存不住水，使其因干旱严重而死亡。

4.2.4　土质黏重导致树木衰弱

❶ 症状

老叶、新叶均发生焦边，叶柄软绵，并有大量落叶，雨季过后，萌发新叶，类似于积水导致

▶ 图4-10　因土壤黏重而死亡的油松（丛日晨 摄）

探土时发现30cm下存在60cm厚的“橡胶土”。

的树木衰弱，但严重者会出现整株死亡（如图4-10）。

❷ 诊断方法及结果判定

探土检测土质，观测土质是否具有“橡胶土”特征，即可判定为由于土壤过度黏重造成土壤通气不良或积水，导致根系活力受限，进而导致树木衰弱。

❸ 背景知识（黄昌勇，2000）

土壤黏重是指由于土壤细粒（尤其是黏粒）含量高而粗粒（沙粒、粗粉粒）含量较少而形成的紧实黏结的土壤特性。

黏重土壤的粒间孔隙比沙性土多但甚为狭小，有大量非活性孔（被束缚水占据的）组织毛管水移动，雨水和灌溉水难以下渗且排水困难。因此，黏重土壤的孔隙往往为水所占，通气不畅，好气性微生物活动受到抑制，有机质分解缓慢，腐殖质与黏粒结合紧密而难以分解，因而容易积累。所以黏重土壤的保肥能力强，氮素等养分含量比砂质土要多。

4.2.5　土质沙性导致树木衰弱

❶ 症状

以顶部最为严重，严重时叶片焦边，但叶片厚度正常，叶片大小小于正常叶片，叶柄硬实，类似于干旱症状（如图2-1）。

❷ 诊断方法及结果判定

探土检测土质，观测土质是否具有砂土特征，即可判定为由于土壤沙化造成漏水、漏肥，进而导致树木衰弱。

4.2.6　冷季型草坪导致树木衰弱

❶ 症状

枝叶细弱，叶片发黄（如图4-11）。

❷ 诊断方法及结果判定

探土观察根系是否向上长，草坪根系网下面土壤是否干旱等。

▶ 图4-11　草坪地中衰弱的白皮松（丛日晨 摄）

冷季型草坪中生长的白皮松，树势衰弱，枝叶长势不良。

❸ 背景知识——草坪对树木的影响

草坪一方面通过根系结网造成了土壤根系严重的通气不良，同时大量的根系耗掉了绝大部分的土壤中的氧气，导致树木根系严重缺氧；另一方面由于草坪灌水比较频繁，造成了土壤过湿或积水，导致大量毛细根死亡；第三方面，草坪阻挡了土壤旺盛的水汽循环。

4.2.7　栽植于大面积铺装区中

❶ 症状

叶片发黄，树势弱。

❷ 诊断方法及结果判定

查看树木周围是否存在大面积铺装，树木营养面积是否过小（如图4-12）。

◀ 图4-12　树木周围的大面积铺装（丛日晨 摄）

从图中可以看出，在硬铺装区中的柏树的鳞叶的颜色明显比栽植在草坪区的柏树的鳞叶黄，说明大面积的铺装可明显降低树木的树势，同时也说明与硬铺装相比，草坪对柏树的伤害作用要轻得多。

❸ 背景知识

(1) 透水铺装

透水铺装即树木根系周围采取可透水性材料进行根系保护的地表铺装设施。

(2) 根系活力（熊明彪等，2005）

根系活力即根系吸收水分和矿质营养的效率，是反应根系新陈代谢活动的强弱和根系吸收功能的一项综合指标。根系作为植物重要的吸收器官和代谢器官，其生长发育直接影响植物体地上部分的营养状况和健康水平。根系活力的大小依据其呼吸作用的强弱来判断，测定根系活力常用方法为TTC法。

(3) 根系活力的测定方法（TTC法）

原理：氯化三苯基四氮唑（TTC）是标准氧化电位为80mV的氧化还原色素，溶于水中成为无色溶液，但还原后即生成红色而不溶于水的三苯甲（TTF），生成的三苯甲（TTF）比较稳定，不会被空气中的氧自动氧化，所以TTC被广泛用作酶试验的氢受体，植物根系中脱氢酶所引起的TTC还原，可因加入琥珀酸、延胡索酸、苹果酸得到增强，而被丙二酸、碘乙酸所抑制。所以TTC还原量能表示脱氢酶活性，并作为根系活力的指标。

实验步骤如下。

1) 定性测定

① 配制反应液。把1% TTC溶液、0.4mol/L的琥珀酸和磷酸缓冲液按1∶5∶4比例混合。

② 把根仔细洗净，把地上部分从茎基部切除。将根放入三角瓶中，倒入反应液，以浸没根为度，置37℃左右暗处放1～3小时，观察着色情况，新根尖端几毫米以及细侧根都明显地变成红色，表明该处有脱氢酶存在，说明根系存在活力。

2) 定量测定

① TTC标准曲线的制作。取0.4% TTC溶液0.2mL放入大试管中，加9.8mL乙酸乙酯，再加少许$Na_2S_2O_4$粉末摇匀，则立即产生红色的TTF。此溶液浓度为每毫升含有TTF 80μg。分别取此溶液0.25mL、0.50mL、1.00mL、1.50mL、2.00mL置10mL刻度试管中，用乙酸乙酯定容至刻度，即得到含TTF 20μg、40μg、80μg、120μg、160μg的系列标准溶液，以乙酸乙酯作参比，在485nm波长下测定吸光度，绘制标准曲线。

② 称取根尖样品0.5g，放入小烧杯中，加入0.4% TTC溶液和磷酸缓冲液（pH7.0）各5mL，使根充分浸没在溶液内，在37℃下暗保温1～2小时，此后立即加入1mol/L硫酸2mL，以停止反应（与此同时做一空白实验，先加硫酸，再加根样品，37℃下暗保温后不加硫酸，其溶液浓度、操作步骤同上）。

③ 把根取出，用滤纸吸干水分，放入研钵中，加乙酸乙酯3～4mL，充分研磨，以提出TTF。把红色提取液移入刻度试管，并用少量乙酸乙酯把残渣洗涤2～3次，皆移入刻度试管，最后加乙酸乙酯使总量为10mL，用分光光度计在波

长485nm下比色，以空白试验作参比测出吸光度，查标准曲线，即可求出TTC还原量。

3) 结果计算

$$根系活力=C/(1000\times W\times h)[\mathrm{mg\ TTF}/(g\cdot h)]$$

式中　C——四氮唑还原量；

W——根重；

h——时间。

第5章 | 树木复壮的一般方法

树木复壮措施涉及地下及地上两部分。地下复壮主要是通过地下系统工程创造适宜树木根系生长的条件，达到诱导根系生长发育的目的。地上复壮措施以树体管理为主，主要包括支撑、堵树洞、病虫害防治等。下面介绍几项实用技术。

5.1 地下环境改良技术

5.1.1 挖穴复壮技术

北京老一代园林工作者在挖一株死亡的毛白杨的根时，发现邻近的一株油松的根沿着死亡的毛白杨的根所产生的微小缝隙穿行，证明油松的根系对土壤的通气性有较强的要求。受此现象启发，发明了在树木周边适当位置填埋干透的枝条改善树木地下土壤通气性的做法。具体做法是：在树木树冠垂直投影外侧（可根据实际情况调整），挖长宽各80cm、深80～100cm的穴，穴内先放10cm厚的松土，再把剪好的干树枝缚成捆，平铺一层，树捆直径20cm左右，上撒少量松土，每条沟再施饼肥1kg、尿素50g，还可放少量动物骨头以补充磷肥，覆土10cm后放第二层树枝捆，最后覆土踏平。也可在穴中央放置透气透水管。

5.1.2 挖沟复壮技术

北京市园林科学研究院、香山公园等单位在多年树木复壮经验的基础上，总结出了一整套树木地下复壮的技术——复壮沟技术。

① 复壮沟设置：由放射状沟和外围的横沟组成的“T”字形沟组成，深度和

宽度见图5-1、图5-2。形状因地形可做适当调整，有时是直沟，有时是半圆形或“U”字形均可。沟内同时设置检查井和透气管。

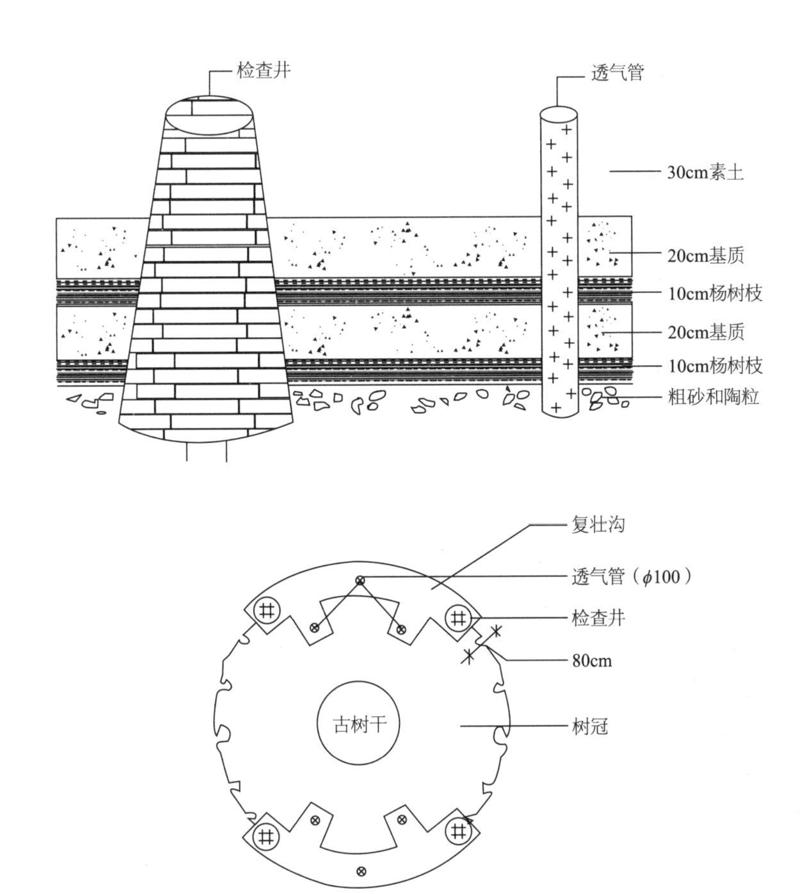

◀ 图5-1　复壮沟纵剖面（高云坤，宋立洲 绘制）

由下而上分层加入复壮材料。

◀ 图5-2　树木复壮沟平面　（高云坤，宋立洲 绘制）

复壮沟由放射状沟和外围的横沟组成的“T”字形沟组成。复壮沟的形状因地形可做适当调整。

② 从下往上分层加入复壮材料：最底一层为粗砂和陶粒，厚10cm；第二层是10cm干透的树木枝条；第三层是20cm的复壮基质；第四层还是干透的树木枝条，厚10cm；第五层是20cm的复壮基质；表层为30cm素土。

复壮基质采由80%腐熟草炭或栎、槲的自然落叶加20%园土组成，再加少量N、P、Fe、Zn等元素配置成。这种基质含有多种矿质元素，pH值在7.1～7.8以下，还含有胡敏素、胡敏酸和黄腐酸等有机酸，可以促进树木根系生长。同时有机物逐年分解与土粒胶合成团粒结构，从而改善了土壤的物理性状，促进微生物活动。

埋入的枝条可选用紫穗槐、苹果、杨树等枝条，截成长40cm的枝段放置在沟内。

③ 通气管设置：通气管用直径约10cm的硬塑料管打孔包棕做成。在复壮沟的一段，从地表层到地下竖埋，管高度100cm。管口加带孔的铁盖。

④ 渗水井设置：渗水井是在复壮沟的一段或中间，为深1.3～1.7m，直径1.2m的井，四周用砖垒砌而成，下部不用水泥勾缝（如图5-3）。井口用水泥封口，上面加铁盖。井比复壮沟深30～50cm，可以向四周渗水。保证树木根系分布层不被水淹没。雨季水大时，如不能尽快渗走，可用泵抽出。

复壮基质的组分仍然是一个值得探讨的问题。2009年，北京市园林科学研究院和颐和园开展了不同基质对侧柏根系生长影响的研究，设置了原土、草炭＋有机肥、草碳＋微生物菌肥（厚20cm＋灌根）、原土＋草碳、柏树土＋氨基酸＋有机肥（稀释10000×，喷根＋灌根）、原土＋生根粉（50mg/kg灌根）、柏树土＋生根粉、柏树土＋有机肥（1/4袋）、原土＋氨基酸肥（300ml稀释100×）、原土

▶ 图5-3　渗水井（丛日晨 摄）

渗水井是在复壮沟的一段或中间，四周用砖垒砌而成，下部不用水泥勾缝。

＋有机肥（1/4袋）、柏树土＋氨基酸、柏树土（原土与松针土1：1）＋禾神元（厚20cm＋灌根）、原土＋杨树枝（20cm杨树枝＋20cm土＋20cm杨树枝＋20cm土）、柏树土＋杨树枝、原土＋微生物菌肥（厚20cm＋灌根）15个对照和处理，研究了根长、平均根粗、根体积，复壮穴内的氧气和二氧化碳气体的含量等。结果表明，草炭+有机肥、草炭+微生物菌肥的配比组合显著地促进了衰弱树木吸收根的萌发，对于树木复壮较为有利，而原土添加其他促进生根材料的基质配比对根系的萌发作用稍差，因此认为，选择更为优良的基质和肥料，对促进树木根系的生长是十分重要的。

图5-4

图5-5

图5-6

◀ 图5-4　挖复壮穴（张宝鑫 摄）

◀ 图5-5　填入复壮基质（张宝鑫 摄）

◀ 图5-6　复壮后翌年生根情况（丛日晨 摄）

在挖掘复壮穴时发现了一个有趣的现象。图5-4的左侧也即黄色部分是未进行改良的土壤，在表面上几乎看不到根系，而右边也即颜色较暗部分，是以前改良过的土壤，表面上发现有大量的根系，说明疏松的和富含有机质的基质对根系生长有较强的促进作用。图5-7和图5-8也同样证明了上述论断。

▶ 图5-7　正面发黄色土壤是未进行改良的土壤（丛日晨 摄）

发黄的土壤中很少发现有根系。

▶ 图5-8　正面发暗色土壤是进行改良过的土壤（丛日晨 摄）

发暗的土壤中发现大量的根系。

5.1.3　增加树木地下土壤通气、透水性技术

公园中的树木多处在铺装区，游人多，对根部践踏十分严重，导致土壤密实，根系通气、透水性差，在践踏严重的地区，树木的根甚至都被踩成了扁的形状（如图5-9），上下没有毛细根，严重降低了根的吸收效率，通气性不良是导致公园中树木衰弱的主要原因之一。

铺装对树木的影响还表现在影响了根系的分布深度。图5-10是处于一铺装区的侧柏树的根系，以10cm厚的砖和10cm厚的垫层计算，从图中可以看出，为了获得更多的空气和水分，根系只分布在砖和垫层下30cm左右，而且集中成薄薄的一层，这样的根系分布对树木造成什么样的影响便可想而知了。

图5-11是苗圃地中沙地柏的根系，从图中可以看出，根系分布深度高达70cm，远远超过图5-10中的侧柏大树的根系深度，而苗圃地中的大叶黄杨的根系深度竟然达到1m（如图5-12）。因此，在实践中，采取各种措施，尽可能地给树木根系土壤创造更好的通气环境是丨分必要的。

对树木地表铺装进行处理时，在减轻游人对树木根系践踏的同时，还需要为游人的通行提供最大的便利。近年来，北京公园系统发明了一些做法。

◀ 图5-9　绿地中树木的根系（上）和铺装下树木的根系（下）（丛日晨 摄）

由对比图可见，铺装下的树木根系被践踏严重，被踩成了扁的形状。

▶ 图5-10　铺装区的侧柏大树的根系（丛日晨 摄）

为了获取更多的空气和水分，侧柏根系只分布在砖和垫层下30cm左右的薄薄一层。

▶ 图5-11　苗圃地中沙地柏的根系（丛日晨 摄）

沙地柏的根系分布深度高达70cm，远远超过图5-10中侧柏大树的根系深度。

▶ 图5-12　苗圃地中大叶黄杨的根系（丛日晨 摄）

在良好的土壤通气、透水条件下，大叶黄杨的根系深度达到了1m。

❶ 梯形砖法

北京北海公园团城上的一株古油松，已达八百多岁高龄，相传乾隆皇帝一日游北海时，在树下乘凉，见其华盖如荫，便封其为“遮阴侯”（如图5-13），并把旁边不远处的一株白皮松封为白袍将军，因有这样的传说，这两株树木成为北京最有名的树木。这两株除了名气大之外，还有一个特点，就是长得十分健壮，尤其是遮阴侯长势壮得像幼龄小油松。这是为什么呢？2002年晨报曾有一篇题为“团城树木八百年之谜”的报道，编者有一段自问自答的打油诗让我们很有启发——问：团城离水高筑，也曾少人看护，树木年高八百，缘何枝叶繁布？答：古人养水有树，多空青砖铺路，下有导流涵渠，全年降雨满注。其实打油诗只是讲清了一般道理。这两株树木健壮的主要原因除了被给予精心的呵护外，还与地表遍布梯形砖有关。

◀ 图5-13　北京北海公园“遮阴侯”（丛日晨 摄）

北海公园团城上的一株古油松，已达八百多岁高龄，长势十分好。

图5-14是团城上铺的倒梯形砖，图5-15是倒梯形砖之间产生的空隙，保证了良好的透气、透水性。有意思的是通过热释光法鉴定，这些砖较早为明永乐年间，较晚为清道光年间，看来那时候皇帝的园林工人已经知道怎样保护树木了。

受北海团城的启发，北京中山公园在对公园中的树木进行保护时，把原来铺的方形砖，起出打磨成梯形（如图5-16），然后再回铺回去（如图5-17），收到了很好的效果。

图5-14

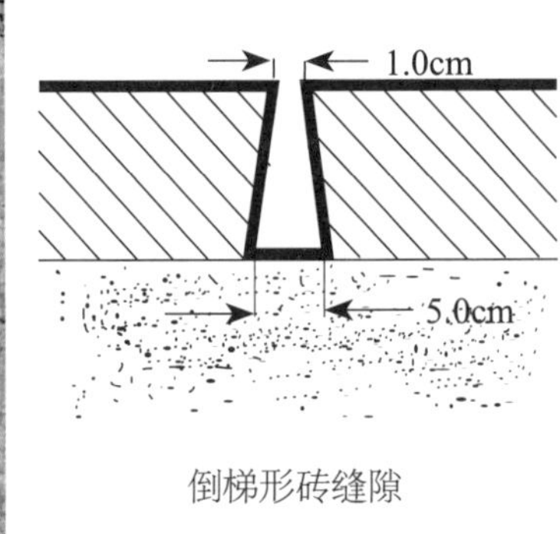

图5-15

▶ 图5-14　倒梯形状（杨宝利，吴西蒙 摄）

▶ 图5-15　倒梯形砖缝隙（杨宝利，吴西蒙 摄）

图5-16

图5-17

▶ 图5-16　打磨方砖呈梯形状（丛日晨 摄）

▶ 图5-17　码放梯形砖（丛日晨 摄）

❷ 木栈道法

前文所述，游人对树木根系范围内土壤的践踏，导致通气性降低、土壤板结是造成公园树木衰弱的主要原因之一，在进行复壮时，采用木栈道的方式，可有效地避免游人对根的践踏。在制作木栈道时，龙骨支撑架可以用角钢制作，也可以采用木桩，图5-18、图5-19为中山公园辽柏周围的木栈道。

对于狭小区域，也可采用铺设木地板的办法对树木进行保护（如图5-20～图5-22）。关键是作为龙骨的木桩或铁架必须牢固（如图5-23）。

◀ 图5-18　木栈道的铺设方法（吴西蒙 摄）

在制作木栈道时，龙骨支撑架可以用角钢制作，也可以采用木桩。

◀ 图5-19　木栈道铺设后的效果（丛日晨 摄）

木栈道铺设后，可有效地避免游人对树木根系范围内土壤的践踏。

▶ 图5-20　古柏树的树埯内铺设了木地板（丛日晨 摄）

缓解了人为活动对树木根系的践踏。

◀ 图5-21　油松树群铺设了木地板（丛日晨 摄）

既为游人提供了活动空间，也保护了树木根系范围内的土壤免受践踏，避免了通气性降低、土壤板结。

◀ 图5-22　树堰外铺设木地板（丛日晨 摄）

▶ 图5-23 在山岩上铺设木地板（丛日晨 摄）

在山岩上这种狭小区域，用铺设木地板的办法对树木进行保护，作为龙骨的木桩或铁架必须牢固。

❸ 工事法

北京劳动人民文化宫位于天安门东侧，曾是明、清两代皇室家庙，旧称太庙，是封建王朝皇室供奉祖宗牌位、年节大典祭祀先人的地方，是现存最完整的明代建筑群之一，其中共保留了明清两朝700多株树木。与北京其他几处古树群不同的是，由于历史的原因，太庙古树木周围几乎全部被铺装硬化。为了增强大面积铺装区的树木土壤透气、透水性，北京劳动人民文化宫发明了一种叫做“工事法”的技术措施（如图5-24、图5-25）。基本做法是在成排的树木一侧，在距树木主干合适距离，开挖深、宽各80cm的壕沟，内衬干码女儿墙，壕沟内用复壮基质回填，然后以铺装材料覆盖壕沟，感觉就像地下工事。这种技术的实质是在实现对树木周边土壤进行大范围更换的同时，还有效地保证了铺装的荷载，不影响区域空间的使用功能。

◀ 图5-24　挖设类似“工事”状的复壮沟（丛日晨 摄）

◀ 图5-25　码放红砖（丛日晨 摄）

可根据荷载的需要设置女儿墙的方式。为引导根系向“工事”中发展并同时满足荷载的需要，应在“工事”中添加有草炭、素土、陶砾（1∶1∶1）混配的基质。

对于处在铺装区中的单株古树或大树，可采用挖设小型复壮沟的方法进行复壮。首先是挖设宽约40cm、深约80cm的沟（如图5-26），然后在中间添加配好的改良基质，并安装好铁架龙骨（如图5-27），最后铺回地砖（如图5-28）。

❹ 其他方法

对处于大面积铺装区的树木土壤透气、透水性的改造，北京还进行了多种尝试（如图5-30～图5-32）。

◀ 图5-26　挖设复壮沟和回填改良基质（熊德平施工并摄）

槽口的宽度需要与一块儿地砖的宽度一致，长度应是几块整块儿地砖长度的总和，这样在回铺地砖时才会保证严实合缝。最重要的是，开槽时，必须为回铺地砖留下荷载搭肩，而且搭肩的高度应该是铁甲龙骨和地砖厚度的总和。

▶ 图5-27　回填改良基质和安装铁架龙骨（熊德平施工并摄）

▶ 图5-28　回铺地砖（熊德平施工并摄）

地砖是提前在上面打了孔的，以保证水汽交换。

◀ 图5-29 复壮沟里的生根情况（熊德平施工并摄）

本图所示的一年以后的复壮沟里的生根情况，说明采用在铺装区内挖设复壮沟的方法可迅速促进根系萌发。

◀ 图5-30 树木周边设透气渗水井（丛日晨 摄）

为了保证大面积铺装区的树木周围土壤具有良好的透气性、透水性而设置的透气渗水井。

▶ 图5-31　树木周边设置了复壮井（丛日晨 摄）

▶ 图5-32　树木周边设置的复壮井（丛日晨 摄）

图5-33是北京颐和园的工作人员在树木复壮工作中发明的增加树木周边土壤透气、透水性的做法。中间蓝色物体是塑龙式透气管（排水盲管），是给排水工程中常用的一种材料，因其有良好的强度和透水性，成为北京树木复壮中一个理想的材料。具体做法是：截取1m左右的塑龙式透气管，外罩无纺布做成的外套，以防止土粒堵塞透气管，然后在距离主干1m左右（可视大根系的具体情况调整距离）用洛阳铲垂直打一个1m深的空洞，把塑龙式透气管插入，地面用铁盖盖住。多年的实践证明，这是一种比较理想的改善树木土壤根系透气、透水性的做法，而且，还可在空洞中注入水肥，水肥直接到达1m左右的深度，很容易被根系吸收。

对于山地公园，栽植位置处在山脚下的树木，由于常年的水土流失，会发生树木树干被囤埋的现象，填埋过深阻滞了空气和水的正常运动，根系与根际微生物的功能因窒息而受到干扰，造成根系毒害；厌氧细菌的繁衍产生有毒物质。树

◀ 图5-33 应用塑龙式透气管进行树木根系深层补水（丛日晨 摄）

北京颐和园的工作人员在树木复壮工作中发明的增加树木周边土壤透气、透水性的做法。

体表现：生长量减少，树势衰弱，叶小发黄，沿主干和主枝发出无数萌条，某些枝条死亡，树冠变稀。

怎样处理树的深埋问题？2014年发生在北京的一个案例，值得行业在处理囤埋过深的树木时引起注意。图5-34是一株具有3百多年的古槐树，由于历史原因，根部被囤埋高达1m多深。在制定复壮方案时，专家提出可以去掉囤埋土壤，但是经实施后，翌年春季去掉囤埋土壤后暴露的树皮发生了死亡，进而导致全株树发生了死亡，教训十分惨痛（如图5-34、5-35）。推测，由于长时间被埋于地下，去掉囤埋土后，一下子暴露于地面，树皮经不住风吹日晒和冬季寒冷，失水干枯死亡。

图5-36是香山公园处理屯埋古树的做法，由于这株古树处于山脚，经长期的流土填埋，在2010年救治时，发现竟然被填埋了3m之多，技术人员采取了“砌井”的做法，解决了囤埋问题，1年后，树势得到了改善。由于被挖出的树干被隐藏在了井中，再加上用麻袋片进行了缠裹保护，减弱了风吹日晒的影响，树皮未发生死亡现象。

▶ 图5-34 被囤埋的古槐树（丛日晨 摄

根茎以上1m左右被囤埋。

◀ 图5-35 去掉囤埋土后，导致根茎处树皮死亡（丛日晨 摄）

此照片摄于去掉囤埋后的翌年5月，图中发黄处是原来被囤埋的部分，拍摄此照片时，已经发现发黄处的树皮死亡。

▶ 图5-36　采用砌井的办法，解决古树的囤埋问题（丛日晨 摄）

北京香山公园处理古树囤埋问题的作法。技术人员通过砌井的方法解决了囤埋问题，1年后，树势得到了改善。

由以上案例可以看出，在解决囤埋树木的问题时，有成功的经验，也有失败的教训。是清理囤埋还是不清理囤埋？这是个值得思考的问题。在实践中还发现，清理囤埋时，会发现有些树木的树干上萌生了新根（如图5-37），这也为解决囤埋提出了新的难题。

图5-38是用植草格解决古柏树的通气问题的另一个典型案例。由于图中古柏处于密集行人密集处，由于长期经受踩踏，树掩中土壤十分密实，影响了树木健康生长。经应用植草格后，通气性得到了改善。图5-39则是通过植草格的使用解决了整个隔离带中树木土壤的通气问题。

在欧洲的一些城市，也经常见到国外同行利用同样的方法解决树木土壤通气问题（如图5-41）。图5-42则是北京景山公园对土壤通气的方法，图中的孔眼是用安装空调的钻机打出来的。

综上所述，树木的复壮主要是通过对其地上与地下部分分别采取多种措施来增强树势，促进其生长恢复正常生长。但树木生长缓慢，有时一次措施后，过2～3年才出现效果，在实践中，切不可操之过急。

◀ 图5-37　树干萌生出新根（宋立洲 摄）

这些萌生的新根为解决囤埋提出了新的难题。

◀ 图5-38　用植草格解决古柏树的通气问题（丛日晨 摄）

图中的绿色网格叫植草格。植草格采用改性高分子量HDPE为原料，耐压、耐磨、抗冲击、抗老化、耐腐蚀，广泛应用于停车场、屋顶花园等。

◀ 图5-39　用植草网格解决隔离带树木土壤的通气问题（巢阳 摄）

▶ 图5-40　植草格的架空安装方法（巢阳 摄）

选择好足够强度的植草格，可以采用架空安装方法，这样会避免对树木周边土壤的直接践踏。

▶ 图5-41　法国巴黎街道上的树篦子（丛日晨 摄）

▶ 图5-42　用钻机打出的通气孔眼（丛日晨 摄）

5.2 地下深层土壤补水技术

据北京市水务局的资料显示，2013年北京平均地下水位在-35m左右，材料显示，我国大多数城市也都面临着地下水位严重下降的问题。由于地下水位过低，不能从地下供给树木生长所需的水分，再受降雨或地表灌水的诱导，城市树木的根系便向上生长，这已经成为我国北方城市树木的一个普遍现象了。每年夏季一逢大风雷雨天气，都会有大量树木倒伏，与根系过浅有很大的关系。

如何能使树木在一年的关键时期，获得足量水分，是树木保护工作的一项重要内容。

图5-43～图5-45是行业中采取的一些深层补水技术。图中所用的管子叫波状盲管，内衬钢丝圈，PVC管有纹理，这样一可保证有强度，填埋后不会被土压扁，二是管子中的水可以慢慢渗漏出来，供给树木根系需要。绑缚时留出1～2个头在地表，留

作补水时用。

这种做法，也许不是中国发明，但也许是欧洲人学了我们的做法。2009年，笔者在巴黎的街道上见到了类似的做法（图5-46），图中紧贴树干白色的管是用来浇水的。

颐和园采取的花管加大桶的方法，可谓匠心独具，补水效率非常显著。这个方法的技术要点是：挖设深1m左右的壕沟，铺设花管，花管一端与大桶相连（如图5-47），浇水时，把水注入桶中，使水直接通过花管渗入树木根系周边，不浇水时，把桶盖盖好。这种简单的措施，使树木的补水得以按人的意志进行，若能做到科学、细致，会对树木的生长大有裨益。

对于岩石上不易施加浇水措施而且也不易存留雨水的地方的树木，浇水时可采用图5-48的办法。树木边侧是一个贮水的大桶，桶底部有一细眼，水通过这个细眼慢慢渗入到桶外土壤中，起到类似滴灌的效果。

图5-43

图5-44

图5-45

◀ 图5-43　裸根栽植时绑缚波纹管（张俊民 摄）

◀ 图5-44　土球栽植时绑缚波纹管（张俊民 摄）

◀ 图5-45　通过波纹管浇水（张俊民　摄）

▶ 图5-46 巴黎街头的树木（丛日晨 摄）

2009年笔者在巴黎所见，图中紧贴树干白色的管是用来浇水的。

▶ 图5-47 应用大桶和花管对树木进行深层补水（李高，赵霞 摄）

挖设深1m左右的壕沟，铺设花管，花管一端与大桶相连，浇水时，把水注入桶中，使水直接通过花管渗入树木根系周边，不浇水时，把桶盖盖好。

◀ 图5-48　应用大桶浇水（丛日晨 摄）

树木边侧是一个贮水的大桶，桶底部有一细眼，水通过这个细眼慢慢渗入到桶外土壤中，起到类似滴灌的效果。

5.3 树体保护及修复技术

5.3.1　树木支撑技术

由于年代久远，树木树干和大枝条在雨水和木腐菌的共同作用下，常发生中空现象，当遇到大风或暴雪时，容易造成枝条断裂，甚至是树体倒伏，支撑是树木复壮工作中一个重要环节。对树木进行支撑的目的就是要防止树木树干或大的枝条倒伏、断裂，树木树干一旦断裂或整个树体倒伏，很难再重新焕发生机。对公园中处在游人密集区的树木，出于对游人安全的考虑，也需要特别加强树体支撑工作。

我国各地对支撑杆与树体被支撑部位的处理方法基本相同，即在上端与树干连接处做一个碗状树箍，加橡胶软垫，垫在铁箍里，以免损伤树皮（如图5-49）。有些城市还用环状树箍，内衬橡胶软垫，树箍连接处用松紧的螺栓固定，可视具体情况进行松或紧的调节。

▶ 图5-49　支撑杆与树体被支撑部位的碗状箍（丛日晨 摄）

在碗状箍里内衬橡胶软垫，树箍连接处用松紧的螺栓固定，可视具体情况进行松或紧的调节。

支撑杆立地点的固定，不可直接立在地面或顶在硬物上，应做钢筋地铆加混凝土固定。

支撑杆多用铁管，在进行支撑时，可根据具体情况选择不同粗度的铁管。由于树木支撑工作多在公园、寺庙、风景名胜区中，在进行支撑时，务必使支撑物本身尽可能少破坏空间景观效果和树木的景观质量。以下是几种支撑方式的利弊分析。

❶ 斜式支撑

如图5-50，这种支撑方式的优点是比较牢固，方法简单，易施工，为保证支撑稳定，多用两根铁管，呈“人”字形，斜立于地面。缺点是斜杆分割了区域空间，造成紊乱感，降低了区域空间和树木本身的景观质量。

但是，由于受空间或树木重心所限，斜式支撑有时会成为唯一的选择。图5-51是斜式支撑的一个优秀案例。从图中可以看出，该松树已严重向古建筑倾斜，由于树与建筑物很近，无法采用“人”字形支撑的方法，而是采用了“X”字形支撑法，顶部用一横梁连接树木和支撑架，形成反向建筑的拉力。

◀图5-50 斜式支撑法（丛日晨 摄）

这种支撑方式的特点是比较牢固，方法简单，易施工。为保证支撑稳定，多用两根铁管，呈“人”字形，斜立于地面。

▶ 图5-51 “X”型斜式支撑法（丛日晨 摄）

因树与建筑物很近，无法采用“人”字形支撑的方法，所以采用了“X”字形支撑法，顶部用一横梁连接树木与支撑架，形成反向建筑的拉力。

❷ 立式支撑

立式支撑就是支撑杆垂直于地面的一种支撑方式（如图5-52），其最大优点是对空间分割小，对区域空间和树木本身的景观质量影响较小，缺点是不好找到合适的支撑点，支撑牢固程度也不如斜式支撑。

◀ 图5-52　立式支撑（丛日晨 摄）

支撑杆垂直于地面的一种支撑方式，其最大优点是对空间分割小，对区域空间和树木本身的景观质量影响较小。

北京北海公园采用的一种立式支撑方式颇耐人寻味（如图5-53）。该支撑方式属于立式支撑，但是巧妙地应用了类似匾额的物件，把四根支柱连接在一起，使支柱连成一体，更牢固，而且支撑点淹没于树冠之中，远远看去，就像一株树木从无顶的亭子中钻出。

在实践中经常见到其他形式的立式支撑法。图5-54是山东某村的一种立式支撑方式，古碑支撑古树，二古相得益彰，更显得这个村落不简单，古树、古碑后边应该有很多故事。而图5-55则更是让人忍俊不禁的做法，但不管怎样，石墙保证了这株古树不会被大风吹断。而图5-56，让人不禁心生感慨，为了保护古树，北京的技术人员，真可谓是处心积虑。

▶ 图5-53　北京北海公园的一组立式支撑（丛日晨 摄）

巧妙地应用了类似匾额的物件，把四根支柱连接在一起，使支柱连成一体，更牢固。

▶ 图5-54　石碑支撑古树（张俊民 摄）

古碑支撑古树，二者相得益彰，更加增添了树落浓重的历史气息。

▶ 图5-55　石墙支撑古树（丛日晨 摄）

石墙保护古树免于被大风吹断。

▶ 图5-56　组合式支撑（丛日晨 摄）

❸ 艺术支撑

有人也把艺术支撑也叫仿真支撑，这种支撑方式的核心就是对支撑杆进行艺术化处理，根据不同的环境和被支撑树木的形状，把支撑杆做成具有一定观赏价值的形式，使其与环境和树木本身相得益彰。有以下几种方式。

(1) 仿枯树桩支撑

这种支撑方式的基本工序是，首先绘制仿枯桩支撑的效果图，按照效果图支设铁管，绑缚钢筋骨架，最后在现场熬制玻璃钢进行艺术仿真（如图5-57、图5-58）。

用此方法，北京和蓟县的工程技术人员，在对潭柘寺古树的支撑中工作中，成功地让一株几乎要断裂倒伏的古树，变得坚强起来（如图5-59～图5-62）。

在实践中，对支撑架的仿真需要艺术和技术相结合，做好了，会产生惟妙惟肖的效果。图5-63是在另一个支撑工程中用水泥和胶混合后仿真的支棍。

在进行仿枯桩支撑前，进行效果图的绘制是十分必要的（如图5-64～图5-66）。

图5-57

◀ 图5-57 绑扎造型支撑的龙骨（丛日晨 摄）

图5-58

◀ 图5-58 仿枯树桩支撑（丛日晨 摄）

▶ 图5-59　一株几乎要倒伏的古油松树（丛日晨 摄）

图中有两根铁管，此树全靠这两根铁管支撑，否则就会倒掉。

◀图5-60 制作加固架（丛日晨 摄）

◀图5-61 被加固后的效果（丛日晨 摄）

图中三处支撑点应用了地锚，使支撑变得非常牢固，因此去掉了碍眼又影响交通的铁管。

▶ 图5-62　着色后的效果（丛日晨 摄）

▶ 图5-63　仿真支棍（丛日晨 摄）

▶ 图5-64　仿枯树桩支撑效果图（刘锦武　绘制）

左侧是支撑杆的图样。该样式较为简洁，突出了支撑杆的骨感。

◀ 图5-65　仿枯树桩支撑效果图（刘锦武　绘制）

左侧是支撑杆的图样。该样式的特点是对支撑杆进行了更为细致的处理，支撑杆更具沧桑感，与古树相得益彰。

◀ 图5-66　仿枯树桩支撑效果图（刘锦武　绘制）

支撑杆由左右两侧的杆和中间花钵中伸出的杆组成。该样式的特点是引入了花钵以及托起花钵的置石元素，强调了支撑的画面效果。

(2) 仿其他物件支撑

北京某公园有一株垂柳大树，树龄约70余年，体型高大，华盖如荫，像一慈祥老者静静守护在汉白玉的桥边。其一南向侧枝，横长于水平面之上，景观十分优美。但是经检测，该侧枝基部已发生中空，随时有断裂的可能。分析认为，当前在树木复壮中应用的任何一种支撑方法或材料都会造成现有景观质量的降低，须采用新的方式。

图5-67的做法是，用立杆支撑，在立杆上加上铁艺装饰物“倒福”，以喻“福到”，使游客倍亲切，同时也缓解了立杆的呆板。图5-68是引用铁艺中国结的图案，所起作用与图5-69的方案相同。

图5-69的做法是，为了减少支撑杆的用量，造成空间拥挤和凌乱，把树边上的路标，经重新加工制作后，移至被支撑部位下，使其一物二用，既指示路线，又支撑树体。

图5-70所示垂柳，对向南侧枝的支撑只能在水中进行，若用普通斜式或立式杆支撑，则会大煞风景。图5-70是量水尺的造型，可谓匠心独具，让人不会感觉

▶ 图5-67　支撑中利用中国元素“倒福”（张宝鑫 设计）

在立杆上加上铁艺装饰物“倒福”，缓解了立杆的呆板。

◀ 图5-68 支撑中利用中国元素“中国结”（张宝鑫 设计）

在立杆上加上铁艺中国结的图案，丰富了立杆的形象。

◀ 图5-69 利用指路牌做支撑（张宝鑫 设计）

指路牌做支撑，一物二用，既指示路线，又支撑物体。

▶ 图5-70　量水尺支撑（张宝鑫 设计）

对向南侧枝的支撑只能在水中进行，若用普通斜式或立式支撑，则大煞风景。

▶ 图5-71　“帆船”支撑（张宝鑫 设计）

“帆船”支撑，给人无限的遐想。

到是支撑树体。图5-71是帆船的造型，静立于水面，似被风吹移于此，又似刚刚扬帆归来，给人以无限的遐想。

(3) 活体支撑

北京的工程技术人员发明了用活树支撑树体的方法。图5-72、图5-73是北京用活国槐树和活玉兰树对一株古国槐树和一株古玉兰的支撑。具体的方法是：春季在支撑位置栽植一株同树种幼龄树，幼龄树的高度和枝杈结构必须能恰好承担起支撑杆的功能（如图5-72），支撑时，应把支撑点处的老树和幼树的老皮刮掉，

◀ 图5-72 被小玉兰支撑起来的古玉兰（丛日晨 摄）

左侧的3株小玉兰树已经与古玉兰的干完全愈合。这原本是为了复壮这株古玉兰而采取的桥接，却起到了支撑作用。

◀ 图5-73 活体支撑（丛日晨 摄）

北京植物园用活国槐树对一株古国槐树的支撑。

使幼树和老树的形成层挤靠在一起，应用塑料膜绑扎，促使其愈合。图5-73是一年后愈合的情况。

必须指出的是，无论采用哪种支撑方式，支撑杆的牢固性以及对被支撑部位的保护是十分必要的。图5-74是在支撑杆入地端做了地锚，并用水泥浇筑，以增

▶ 图5-74　支撑杆入地点做加固处理（巢阳 摄）

支撑杆的牢固性以及对被支撑部位的保护十分必要。

▶ 图5-75　水泥浇筑入地点（巢阳 摄）

用水泥浇筑以增强稳定性。

◀图5-76　支撑杆型内衬胶垫（巢阳 摄）

为了保护被支撑部位的皮，在支撑杆的凹型碗内，需要垫胶皮。

强稳定性（如图5-75）。另外，为了保护被支撑部位的皮，在支撑杆的凹型碗内，需要垫胶皮（如图5-76）。

总之，对于树木树体的支撑，应不拘一格，在支撑时应因环境而异、因树而异，并以提升树木本身的美感和树木所在环境的景观质量为宜。为达到上述效果，需要景观设计师、树木保护专家、工程人员的共同劳动。

5.3.2　树洞修补技术

❶ 树洞检测

对树木树干的受损情况进行准确判定，是进行树木树干修复前的一个基础工作。有些树木树干的损坏情况能一目了然，而有些树木，从外表看树干完整，但是内部破损却十分严重，在遇雷雨大风时容易折断，存在严重的安全隐患。

FAKOPP 2D Timer测定仪，可在不破坏树体条件下，对活树体内孔洞、腐蚀和裂缝状况进行探测和评估，通过仪器自带程序，将测定树干截面不同位置的声波传输速度用不同颜色描绘成2维平面图，便可大致了解树干中孔洞和腐朽的面积和位置。

图5-77是一二级古油松，从外表看树干很完整，经FAKOPP 2D Timer测定仪检测后，树干中空十分严重，见图5-78，图中绿色部分是实材部分，深蓝色部分是破损部分。

▶ 图5-77　用FAKOPP 2D Timer测定仪测定油松树干中空情况（巢阳 摄）

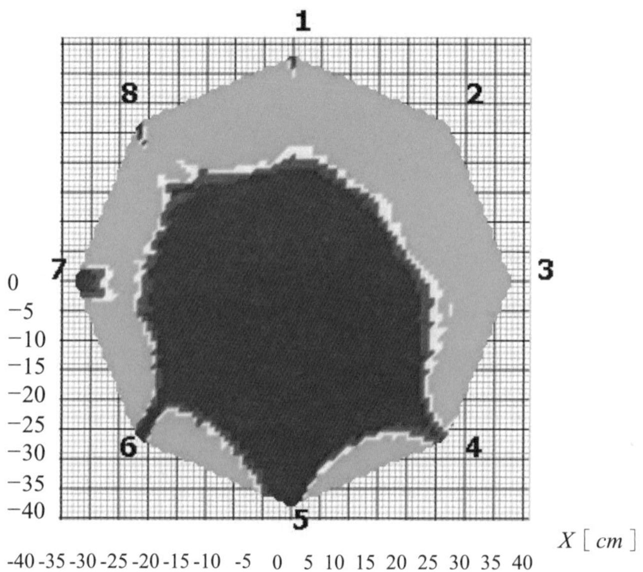

▶ 图5-78　树干活体部分（绿色）和树干中空部分（蓝色）（巢阳 摄）

除了应用仪器检测树洞中空情况之外，还可以通过看树皮的色泽或通过敲打树干听其回音来判断树干是否出现了中空。一般来讲，若树干坏死，相连的树皮会部分失去生命的光泽，与活树皮的染色有明显差异，对这些部位进行敲打时，会出现空洞的回响声。

❷ 树体修复

在树木树体修复方面，我国各地的技术水平参差不齐，概括起来有以下几种方法。

(1) 用水泥补修树洞，内填砖石

如图5-79～图5-81所示。基本工艺是：内填砖石，外用水泥抹成树干形状。这个做法的优点是，若工艺细致，会起到加固树体的作用；缺点是不美观，漏水、易脆裂。此方法比较原始，在我国多数地区已被淘汰。

(2) 用木板对接，仿真装饰，不填充

用木板修补的方法如图5-82所示。基本工艺是：先将洞内腐烂的木质部彻底清除，直至露出新的组织为止，而后用药剂（2%～5%硫酸铜溶液，0.1%的升汞溶液，石硫合剂原液等）消毒并涂防护剂。同时改变洞形，以利排水，也可以在树洞最下端插入排水管。树洞

◀ 图5-79　内填砖石（张俊民 摄）

内填砖石，外用水泥抹成树干形状。若工艺细致，会起到加固树体的作用。

▶ 图5-80　水泥抹平树干（张俊民 摄）

▶ 图5-81　树体摇晃产生断裂（张俊民 摄）

▶ 图5-82　树体摇晃木板开裂（张俊民 摄）

用木板修补的方法，优点是施工简单，价格低廉，而且容易检测树干内部情况，随时进行处理，缺点是不牢固。

经处理消毒后，在洞口表面钉上板条，以防水腻子封闭，用水胶粘，再涂以白灰乳胶，在上面压树皮状纹或钉上一层真树皮，以起到美观的作用。这个方法的优点是施工简单，价格低廉，而且容易检测树干内部情况，随时进行处理；缺点是不牢固。

(3) 由环氧树脂树皮、钢筋骨架或木支架、发泡剂、网罩组成的修补技术

近年来，北京公园系统在总结传统修补方法的基础上，应用

建筑材料，发明了用环氧树脂树皮发泡剂做填充的树木修补技术（如图5-83～图5-88）。应用步骤如下。

① 清腐，先用锋利的工具如刮刀等将树洞中腐烂、疏松的部分刮得干干净

◀ 图5-83　腐朽的树干（杨宝利 摄）

◀ 图5-84　清理腐朽树干（杨宝利 摄）

◀ 图5-85　做支撑架基础（杨宝利 摄）

▶ 图5-86　做树干龙骨（杨宝利 摄）

◀ 图5-87　填充发泡剂和粘贴仿真树皮（杨宝利 摄）

◀ 图5-88　修复后效果（杨宝利 摄）

净，注意不要刮得太深，刮到新鲜树干即可。

② 杀虫消毒，用用溴氰菊酯或灭蛀磷原液喷杀残留蛀干害虫，待树洞内干燥时，用安全无毒的季氨铜溶液或铬砷铜溶液进行全面的消毒，也可用1 :（30 ~ 50）倍的硫酸铜或高锰酸钾溶液喷雾消毒。同时将洞口周围的坏死组织刮干净后涂杀菌剂保护，以防木质部与外界接触感染而继续腐烂。

③ 树洞填充，补洞的关键是填充材料的选择，一般情况下，选择的材料需具备以下几个条件。

- pH值最好为中性。
- 其收缩性与木材大致相等。
- 与木质部的亲和力要强。

现常用聚氨酯发泡剂，发泡剂体内有无数微小孔形成微泡孔结构，闭孔率达到95%以上，能阻隔水分渗透；而在其表面形成一层光滑的膜，闭孔率接近100%，具有很高的憎水性，吸水率＜1%，抗渗性在0.2Mpa压力下30分钟无渗漏，水蒸气透过率＜5mg/（pa.m.s）。该材料自重轻，材料密度一般在55kg/m^3，自身强度能达到≥300kPa，具有足够的强度和抗冲击性能，与混凝、木料等基层的黏结力强（＞100kPa），能保证自身的稳固性和防止接触面处渗水。

在应用发泡剂机型填充时，首先做好钢筋或木架支撑，因为发泡剂与钢筋或木材有很强的粘合力，使树木树干、发泡剂、钢筋或木材成为一体，起到了加固树体的作用。在填充时，往往还加入一种叫做三氧化二锑的阻燃剂，以防止树木树洞起火。三氧化二锑是一种纯净洁白的微细粉末，晶体结构主要为立方体型结晶，广泛应用于PVC、PP、PE、PS、ABS、PU等塑料中作阻燃剂，阻燃效率高。

④ 树皮黏合，制作树皮的材料各种各样，其可观性、耐用性也不相同，目前多选用玻璃钢做仿真树皮，也有的选用枯木的老树皮。制作玻璃钢树皮时，首先把乳胶均匀涂抹到树木的老树皮上，待凝固后，把乳胶扒下，这便制成了树皮模具，然后把树皮纹理面向上平铺于地面，把玻璃钢融化好，根据树木树皮的染色，把染料加入融化好的玻璃钢中，直至染色接近树木树皮的染色，然后导入乳胶模具中，待冷却后，扒下乳胶，便制成了玻璃钢树皮。

在黏合树皮时，最大的一个问题就是树木活树皮部分与假树皮之间的缝隙黏合问题，要求黏合剂具备较强的黏合性、较大的弹性、黏性持久，但是目前树木保护实践中应用的黏合剂如紫虫胶、乳胶等都达不到这一要求。

行业人士对用环氧树脂树皮发泡剂做填充的树木修补技术产生了诸多疑问，这些疑问包括：用发泡剂填补树洞价格昂贵，出于经济的考虑，是否合适？发泡剂能否有效地阻止雨水的渗漏？2009年8月，北京园林科研所对在2004年用发泡剂填充的一株古槐树进行了解剖，发现了以下现象。

- 发泡剂与树干内膛树木侧壁以及做支撑架的木材的黏合十分紧密，已浑然一体，强度也很大，在清除时很费力气。
- 同时发现，最顶部约10cm厚的发泡剂中，已浸足了水分，拿出后用手挤压，水成线状流出，同时发现被用来做支撑的木块，也有不同程度的腐朽，但木块周边的发泡剂呈干燥状。

由以上现象可以看出，发泡剂填充对树木树洞具有比较理想的密封作用，雨水不能从发泡剂与树壁的结合处渗入，发泡剂对树干也有很好的加固作用。但是，雨水会靠重力的作用，渗入顶部的发泡剂中，推测随着时间的推移，渗入的厚度会越来越厚，而且发泡剂的质量越差，渗入的速度就越快。同时从上述现象也推断出，由于树干本身的水汽作用，也会导致树干和被用来支撑树干的木骨架腐朽。

综上所述，目前的树木树体修复办法都存在一些不足，由此引发了些争论：树木树体破损后要不要修复？用什么材料修复？这是当前树木保护领域争论的两个热点问题。其中争论的一个焦点就是修补树洞能否有效阻止雨水渗漏，一种观点认为，无论用什么样的材料都不能有效地阻止雨水的渗漏，而且由于填充物把雨水存留在树干中，加快了树干的腐朽速度，这种观点多为降雨多的地区的园林工作者所持有；另一种观点认为，树木树洞应该修补，若任其发展，树体破损程度会越来越重。北京市公园管理中心下属的北京市园林科学研究所、北京植物园、颐和园、香山公园、北海公园、中山公园等单位30多年来，从事树木的树体的修复工作，取得了丰富的经验和成果。认为破损的树洞是否要修补或者采用什么方法，要因树而异，同时认为，一个理想的树洞修补应该达到的效果是：完全防雨，防雨水侵蚀树干；耐用；柔性结构；促进再生；加固树干。但是就目前的技术来讲，无论是北方还是南方都没有达到上述效果。

(4) 补干不补皮法

如图5-89、图5-90所示。这种做法是，首先对树洞进行清理，杀虫、消毒、防腐，待干燥后，定木板条，高度低于洞口平面，然后在木板条上涂覆融化并调好色后的玻璃钢，凝固后的高度低于树木树皮，与树木木质部相接，在底部留有倒水洞孔。这种补干不补皮的做法一是使树木修补后达到了修补如旧的效果，保留了树木的古朴美，同时由于树木洞口周边的新生组织向外生长，会扣紧仿真的玻璃钢树干，在防雨水渗漏效果上优于其他方法。

(5) 二丁酯封干法

北京植物园的技术人员在进行树木修补时，有一套自己的做法，我们权且称之为二丁酯封干法，经多年检测，效果也不错。这套技术的流程如下。

- 进行树体空洞检测。
- 找出大、小洞口，预测空洞范围，计算材料用量。
- 刮除树干上腐朽部分，直至坚硬部位为止。
- 用高压水枪喷洗树洞内部，清除残留碎屑。
- 待干燥后，在刮除处和树洞内部均匀涂抹硫酸铜溶液消毒。
- 待硫酸铜溶液充分干燥后，均匀涂抹有防水、耐腐作用的桐油3遍。

▶ 图5-89　做龙骨（丛日晨 摄）

▶ 图5-90　做仿真树干（丛日晨 摄）

- 待桐油充分干燥后，使用聚氨酯发泡剂和木材填充刮除部位及树洞。同时，根据情况在主干或主枝上选点，放入排水管，并用发泡剂固定。
- 削除聚氨酯发泡剂的过多部分，使树干上填充部位高度低于周围干皮4～5cm。
- 在发泡剂表面用钢刷刷出毛茬，然后再涂抹一层黏合胶。
- 在黏合胶上覆盖一层混有专用胶和干皮色油漆的水泥，水泥厚度4～5cm。
- 待水泥初凝之初，贴仿真树皮，高度与原有树皮持平。
- 水泥干透后，刷二丁酯3次，总厚度约1mm。

(6) 树干重塑技术

北京植物园有一处景点，叫洋灰大王，在这个区域有3株以及古国槐，姿态甚美。扒开树干后发现破损部位占整个树干的4/5左右，只有一窄条树干支撑着庞大的树冠。2009年，北京植物园与北京市公园管理中心树木专家组共同制定了地锚式树干修复措施，这个技术措施的核心是，在距树干适当位置，设立地锚稳定铁管，用拉扣把铁管和树干连在一起，然后做龙骨、塑发泡剂恢复原貌树干，最后经仿真成型。这种做法克服了以往在树干中膛内做支撑的弊端，使施工更容易，支撑更稳定（如图5-91～图5-94）。

◀ 图5-91　残存的古国槐树干（丛日晨 摄）

◀ 图5-92　做地锚和支撑杆（熊德平制作并摄）

▶ 图5-93　重塑树干（熊德平制作并摄）

◀ 图5-94 修补好的树干（丛日晨 摄）

在修补树洞时，需要根据洞的形状进行特殊的处理。如在修补朝天洞时，修补面必须高于周边树皮，中间突起，以避免雨水渗入洞中；在对裂缝缝洞处理时，首先要做好树箍，然后再对裂缝进行处理。对于根茎处的洞的修补，北京香山公园发明了一种简单可靠的方法（如图5-95），用水泥抹成斜坡状，使雨水顺利流出地面。

另外，必须指出的是，树洞修补的核心是阻止雨水的渗漏，防止心材腐烂，任何一种技术都应以阻止雨水渗漏为最终目的。当堵洞不能有效地阻止雨水渗漏时，敞露结合适当的引流雨水的措施也是不错的选择（如图5-96～图5-98）。

图5-95

▶ 图5-95 树膛内抹水泥呈坡状（丛日晨 摄）

图5-96

▶ 图5-96 树膛内抹水泥呈坡状（丛日晨 摄）

▶ 图5-97 根颈处抹水泥呈坡状（丛日晨 摄）

◀ 图5-98　开敞型的树冠加固（丛日晨 摄）

5.4 蛀干害虫防治

在树木的所有病虫害中，以蛀干害虫对树木的伤害最大。蛀干害虫取食树木心材，或在树木心材中交配、产卵、孵化，造成树木大量导管被破坏，使水分不能向上运输，最终导致枝叶树木因缺水而枯萎。对蛀干害虫的防治办法主要包括以下几种措施。

5.4.1 土壤施药

土壤施药是防治植物蛀干害虫时最常用且有效的一种方法。具体方法是：在植物周围挖深约20～30cm的沟，将具有内吸性的药剂（如吡虫啉粉剂）按照一定比例均匀撒施，施药之后覆土、浇水，药剂溶入水后被植物根系吸收并运输到植物的各个部分。树体内的蛀干害虫接触或取食植物组织后中毒死亡，而达到防治害虫的目的。

5.4.2 树干处理

❶ 缠麻

对部分树木，特别是油松和古柏，为防止蛀干害虫的侵蚀，可用麻袋浸药后缠裹。方法是：把麻袋片布剪成宽30cm的条状，首先用具有熏蒸、触杀或者内吸作用的药液浸泡，阴干，然后由上而下密布缠绕树干3～4层，高度以缠绕到分枝点以上为准，保护树干不被害虫蛀食（如图5-99）。可隔一定时间，在麻袋片上喷施杀虫剂，以提高对害虫的阻杀效果。

❷ 树干注药

对已发生蛀干害虫的树木进行树干注药防治，是园林中常用的方法。树干注药不仅可防治天牛、吉丁虫等蛀干害虫，也可防治蚜虫、介壳虫、螨类等食叶害虫。进行树干注药应注意以下问题。

- 选好注药时期。在树木芽萌动期至落叶前的生长期都可以进行，以4～8月生长期注药效果最好，但是以幼虫在树体内危害时为最好，这样可以保证能把害虫杀死在树体内。这就要求施药者能熟悉为害害虫年周期内的生活史。

◀ 图5-99　树干缠麻（高云昆，宋立洲　摄）

对部分树木，特别是油松和古柏，为防止蛀干害虫的侵蚀，可用麻袋浸药后缠裹。

- 选择内吸性强的农药。传统的内吸性强的农药如氧化乐果等已经退出市场，可选用杀螟腈乳油、久效磷乳油等内吸性较强的新型药剂。还应根据虫害的不同选择适宜的农药。
- 正确用药。用直径不大于1cm的木工钻在距地面20～40cm的树干上，呈45°角向下斜钻注药孔，深可达髓心。大树可在树干四周呈螺旋上升钻3～5个孔，中树可钻2～3个，小树可钻1个，掏尽锯末，用吸药器或注射器注入药液。注药孔可用泥、胶布、蜡、硅胶进行封堵。
- 严格把握药量。根据树木大小而定注药量，按原药液算，一般干径在15cm以上的大树，每株注药6～10mL；干径在10～14cm的中等树注药4～6mL；干径在10cm以下的每株可注药2～4mL。

对于双条杉天牛等蛀干害虫，可采用诱木诱杀的方法进行防治。具体方法是在越冬成虫产卵前，将正处于生长阶段、干径5cm以上的柏树砍伐下来，锯成1m左右的长度，搭放在一起（如图5-100），待成虫产完卵后进行集中灭杀。

近年来，北京等地每年都使用大量的天敌进行害虫的防治。图5-101是蚜虫的天敌瓢虫，图5-102是美国白蛾的天敌周氏啮小蜂，图5-103是科研人员正在释放天敌。

▶ 图5-100　搭放杂木（周肖红 摄）

▶ 图5-101　蚜虫的天敌瓢虫（仇兰芬 摄）

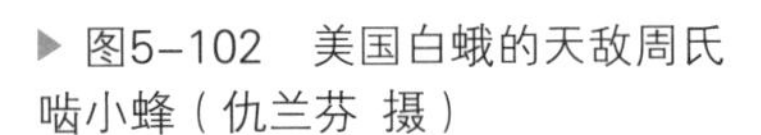

▶ 图5-102　美国白蛾的天敌周氏啮小蜂（仇兰芬 摄）

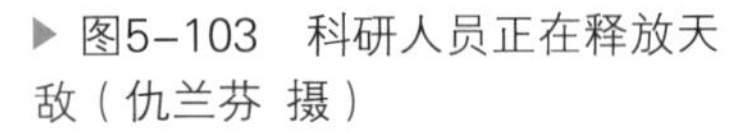

▶ 图5-103　科研人员正在释放天敌（仇兰芬 摄）

第6章 | 北方城市主要树木衰弱原因诊断及复壮技术

6.1 银杏衰弱原因诊断及复壮

6.1.1 银杏（*Ginkgo biloba* L.）

为银杏科银杏属落叶大乔木。高达40m，胸径可达4m，树皮灰褐色，呈不规则纵裂；有长枝与距状短枝之分，叶片在长枝上互生，在短枝上簇生。叶扇形，顶端常2裂，叶柄细长，秋季叶色金黄。雌雄异株，球花生于短枝顶端的叶腋或苞腋，无花被；种子核果状，椭圆形，熟时淡黄色或橙黄色。花期4～5月，种子9～10月成熟。

中国是银杏的故乡，银杏在我国的自然分布范围很广，北达沈阳，南到广州，东南到台湾省的南段，西抵西藏的昌都，东到浙江的舟山普陀岛。约北纬21°30′～41°46′，东经97°～125°。

喜光树，适应性强，喜适当湿润而又排水良好的深厚砂质壤土，在酸性土、石灰性土中均生长良好，而以中性或微酸性土最适宜；不耐积水，较耐干旱；不耐地表强烈辐射；抗烟尘、抗火灾、抗有毒气体能力强。

银杏为深根性树种，寿命极长，可达千年以上。其树体高大，树干通直，姿态优美，春夏翠绿，叶形古雅，深秋金黄，无病虫害，不污染环境，是理想的园林绿化、行道树种，是可用于公园、庭园、行道两旁、住宅小区、公路、田间林网、防风林带的理想栽培树种（如图6-1）。被列为中国四大长寿观赏树种（松、柏、槐、银杏）。

6.1.2 银杏树木衰弱诊断

银杏在北京或北方城市最易出现衰弱的是那些栽植在街道或大面积铺装区的银杏。一旦离开街道，栽植在大绿地中，很少会发生问题，而且银杏在北京几乎没有任何病虫害。对衰弱银杏树的诊断主要从叶片的生长状态、树木的栽植位置进行分析。

❶ 融雪剂导致的银杏叶片发黄

多发生在栽植在行道上的树木。一般是在春季萌芽后，叶片正常，半个月后叶片发生焦叶。焦叶的特征是呈不规则焦叶，靠近马路内侧树冠的某些枝条焦叶甚至枝条死亡，而外侧叶片生长正常，整个树冠叶片呈所谓的“阴阳头”（如图2-4）现象。在诊断时，必须详细询问年周期内的管理细节，是否应用融雪剂或不合理应用化肥；检查地表是否存在白色盐渍；取土壤化验全盐量、钠离子含量、氯离子含量，化验结果是否明显高于对照等等。表6-1是

▶ 图6-1 美丽的银杏树（丛日晨 摄）

秋天银杏的彩色叶是一道亮丽的风景。

2003年北京冬季应用融雪剂后雪水中、土壤中的全盐量、钠离子含量、氯离子含量，从中可以看出，被融雪剂污染的1、2号土样中的钠离子含量、氯离子含量明显高于对照。北京市园林科学研究院自2000年起对融雪剂对道路路树的影响情况进行了连续10年的跟踪，发现凡是被融雪剂污染的土壤，钠离子含量、氯离子含量均明显超标，由此得出，北京使用的融雪剂主要成分是氯化钠。土壤中过高的钠离子含量可极大提高土壤的渗透势，造成植物根系发生生理性干旱，进而造成植物因缺水死亡；氯离子对植物造成伤害的机理仍不十分清楚。

表6-1　受融雪剂污染后土壤样品测试指标

编号	Cl^-（mg/kg）	水溶性Na^+（mg/kg）	水溶性Mg^{2+}（mg/kg）	水溶性Ca^{2+}（mg/kg）	交换态态Na^+（mg/kg）	交换态态Mg^{2+}（mg/kg）	交换态态Ca^{2+}（mg/kg）	pH	EC（ms/cm）	全盐量（%）
对照	57.6	33.5	8.09	142.73	150	460	10947	8.05	1.03	0.118
1	1916.5	1647	60.83	318.48	1470	579	9880	8.85	8.56	0.114
2	321.3	850	8.63	226.32	1460	730	12608	9.11	1.61	0.523

❷ 积水、土壤含水量过高或土壤黏重导致的叶片发黄

多发生在雨季。银杏叶片光滑无病原物，老叶、新叶均发生焦边，叶柄软绵，并有大量落叶，雨季过后萌发新叶。诊断时一是看栽植位置是否低洼易积水，二看土壤是否黏重，三看地下水位是否高，四看银杏肉质根是否腐烂。图6-2是因积水导致叶片枯黄的银杏，图6-3是该银杏的积水情况。

◀ 图6-2　积水导致叶片枯黄的银杏（丛日晨 摄）

▶ 图6-3　发生树叶枯黄的银杏树堰内的积水状况（丛日晨　摄）

穴中发亮处为积水。

③ 营养面积过小、道路热辐射导致的焦叶

这是北方栽植银杏的城市普遍发生的问题。多发生于栽植在城市主、次干道边的银杏。发生时间一般在7～9月份，这一时期，气温高、街道的辐射热大，再加上营养面积过小，多数银杏会发生焦叶。

为了弄清银杏焦叶与环境条件的关系，2007年北京市园林科学研究所的研究人员，对北京12条大街、3个公园、2个小区的银杏树生长状况进行了调查。

调查街道环境的基本特征如下。

- 街道两侧高大建筑物遮挡阳光，影响植物正常光照。
- 道路环境通常把树木生长的营养面积限制在很小的面积内，使植物生长受限，在调查的12条街道中，其中有5条街道（长安街、王府井大街、北京站西街、兴化路、政协路）的银杏种植在1.5m×1.5m的树池内，其外就是硬质铺装，营养面积非常有限，水分养分很难保障，其余7条街道（北京站前街、和平里中街、东中街、朝阳门南小街、安定门西大街、建国门内大街、中粮广场西路），银杏种植在宽1～6m条状绿带内，营养面积较树池有所改善。
- 地上地下管线将改变植物根系的正常分布，打乱根系正常生长节律，一些特殊的管线如热力管线，对根系的伤害更是毁灭性的。
- 炎热的夏季道路地表铺设的柏油、水泥路面的热辐射使植物生长小环境的温度急速升高，造成植物伤害。

- 道路人流量大，对植物生长的土壤进行踩踏，影响土壤密实度，使其通气透水能力降低。
- 道路车流量大，造成汽车尾气等有害气体及尘埃等污染。
- 冬季化学融雪剂使土壤中含量增高，使植物饱受伤害。

对北京的皇城根遗址公园、菖蒲河公园、地坛公园调查时发现，银杏在这些公园中立地环境的基本特征如下。

- 小气候好，受外界干扰小。
- 绿化覆盖率高，植物群落结构丰富。
- 公园内少有高大的建筑物，植物采光不受影响。
- 树木一般种植在片状绿地内，有足够的营养面积。
- 水分养分有所保障。
- 地上地下管线较少，基本不影响植物根系分布及节律。
- 人流量较少，对树木周边土壤密实度影响不大，不影响土壤正常的透水透气能力。
- 道路一般较窄，占公园总面积的比例很小，路面热辐射不会对公园的气温产生很大影响。
- 公园内一般禁止机动车通行，所以基本没有汽车尾气污染。

从此次调查的2个小区看，居住区的栽植环境一部分与道路环境特点相似，如化工大院小区的银杏种植方式与行道树种植方式一样，在居住区道路两侧列植，种植坑为1.5m×1.5m的树池，营养面积有限。另一部分与公园栽植环境相似。如朝阳门南小街18号院的银杏种植在片状绿地内，营养面积充足。从居住区人流量、车流量，水泥、柏油路面的热辐射等方面对树木的影响来看，其影响都介于街道环境与公园环境之间。

表6-2　2007年北京不同地区银杏焦叶发生率统计　　单位：%

	6月	7月	8月	9月
街道	5.5	18.7	32.7	48.0
居住区	0	1.2	4.8	13.6
公园	0	1.3	2.8	4.8

由表6-2可以看出，在6、7、8、9四个月，银杏焦叶发生率由高到低的顺序是：街道银杏>居住区银杏>公园银杏，从而说明，银杏的焦叶发生程度与栽植环境存在极大的相关性。

尽管同是街道银杏，焦叶发生率叶存在着不同，图6-4为2007年9月北京12条街道银杏发生焦叶的情况。

通过对12条街道发病率条状图（如图6-4）进行分析。银杏种植点在树池内的政协路、兴化路、北京站西街、王府井大街、长安街9月的焦叶发生率均达到50%以上，平均值为71.08%。而银杏种植在条状绿带内的和平里中街、东中街，建国门内大街、中粮广场西路、安定门西大街、朝阳门南小街、北京站前街9月的焦叶率均在50%以下，平均为25.2%。由此可见，银杏种植点的铺装类型是影响银杏焦叶发生与否的重要因素，种植在绿带内的银杏不易发生焦叶，树池内的银杏易发生焦叶。

❹ 结果过多导致银杏焦叶

对于结果过多的雌树，会在炎热的8月份及9、10月份出现叶片焦黄，这与过多的果实消耗了大量营养有关。

以街道树为例，本次调查的1064棵行道树棵银杏中，有雌株148棵，占调查总数的13.9%，雄株916棵，占调查总数的86.1%。其中雌株焦叶株数106棵，占雌株总数的71.6%，雄株焦叶株数342棵，占雄株总数的37.3%。雌株的焦叶发生率明显高于雄株。

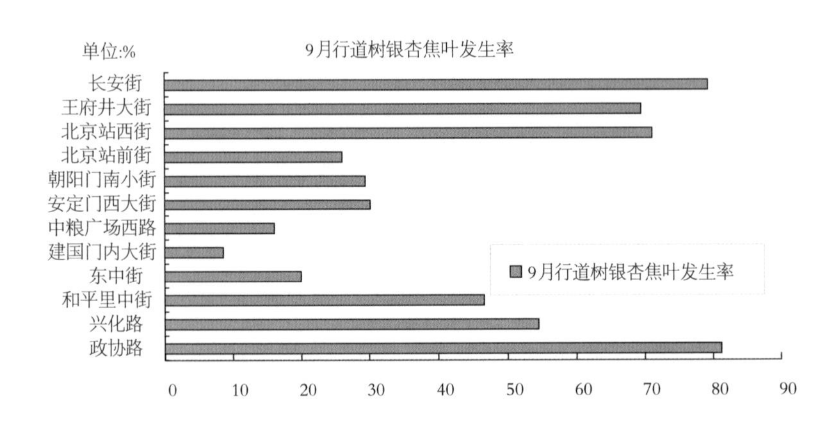

▶ 图6-4　2007年9月北京12条街道银杏行道树焦叶发生率统计（聂秋枫　绘制）

图6-5与图6-6的树是同一株银杏树。图6-5摄于2014年11月2日，当时其他生长正常的银杏树叶片已变成金黄色，但是图6-5中所示树由于结果过多，消耗了过多的养分和水分，叶片早已焦枯；而且第二年，物候期也迟于正常生长的树，甚至到2015年5月16日时，叶片的大小仍小于正常生长的银杏的叶（如图6-6）。

◀ 图6-5　银杏树结果过多导致叶片焦枯（丛日晨 摄）

此图片摄于2014年11月2日，其他正常生长的银杏树叶片已变成金黄色。

▶ 图6-6　由于结果过多导致叶片小（丛日晨 摄）

由于前一年结果过多，该银杏树的物候期迟于正常生长的树，叶片大小也小于正常的银杏树叶。

❺ 叶片小

症状是树冠所有叶片小于正常叶，但叶片颜色正常。诊断时一是检查土壤水分状况，二是询问前一年结果情况，三是询问前一年是否发生过干旱、积水等等。对于新植树木，特别要查看根系恢复情况。

❻ 栽植后不萌芽或萌芽后叶片脱落

这种现象是新植银杏最普遍发生的现象。一般表现为春季栽植后不萌芽或萌芽后所有叶片死亡，一段时间后重新萌芽；或生长季移植后，叶片一段时间正常生长，但是随后全部死亡，一段时间后又重新萌芽，上述过程会反反复复两三次，直至该树木成活或死亡。上述现象即为银杏的“假死假活”现象。造成这种现象的主要原因是伤根过多，再加上全冠栽植，导致根冠比失衡，向上运输的水分不能满足叶片的蒸腾和生长，便发生焦叶。焦叶后，因叶片减少，蒸腾失水量便相应减小，使向上运输的水分能满足叶片的蒸腾和生长，银杏便又开始萌生新的叶片。当地上、地下这种平衡关系不能恢复时，便会导致银杏树死亡。

试验表明，对于新植银杏，在24小时之内，由于有大量断毛细根，根系吸收水分的能力非常弱（如图6-7），这说明对于新植银杏特别是反季节栽植的银杏，如何控制地上部的蒸腾是多么的重要。表6-3表明通过遮阴、摘叶、使用抗蒸腾剂可极大降低银杏树的蒸腾量，从而促进树木成活，其中遮阴和剪叶处理后的茎流通量可分别降低37.2%和35.4%，这种效果对新植银杏的成活是十分重要的。

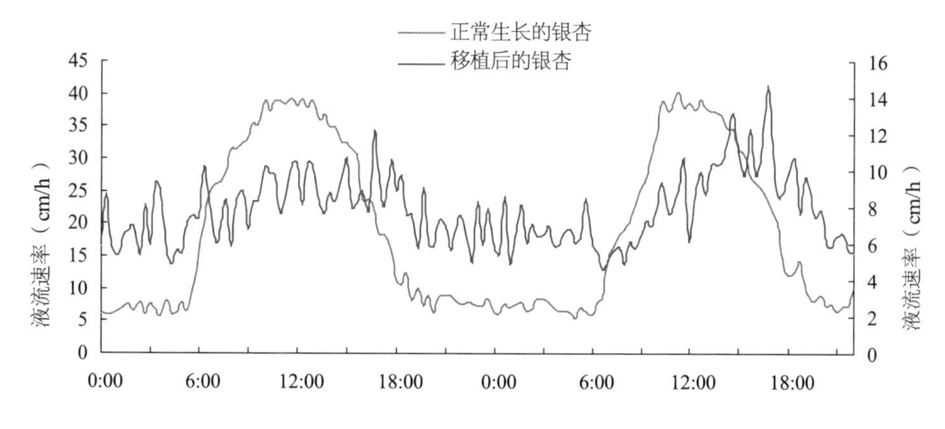

◀ 图6-7 正常生长和移植后的的银杏树干径流（孙守家，丛日晨）

对于移植后的银杏，在24小时之内，由于有大量断毛细根，根系吸收水分的能力非常弱。

表6-3 遮阴、剪叶、喷抗蒸腾剂处理抑制叶片蒸腾耗水的影响
（孙守家，丛日晨）

处理	累积茎流通量（L）							减少（%）
	08-25	08-26	08-27	08-28	08-29	08-30	08-31	
对照	37.50	55.50	47.80	69.60	62.80	70.50	69.20	
遮阴	30.30	40.40	35.70	50.90	36.90	33.40	32.70	37.2
剪叶	29.70	48.30	41.50	62.80	45.40	39.40	38.00	35.4
抗蒸腾剂	32.60	49.40	42.20	62.10	50.70	54.80	56.60	9.7

6.1.3 衰弱银杏树复壮技术

前文所述，栽植在道路边的银杏在夏季受营养面积小、热辐射等因素的影响，极易发生焦叶现象，这个问题是北方城市最普遍发生的问题，严重影响了这些城市的街道绿化景观效果。对道路边银杏的复壮是当前北方城市急需解决的问题。

2009年，北京市园林科学研究院与海淀区绿化局在海淀某街道对生长不良的银杏进行了复壮，收到了很好的效果。

❶ 树体及栽植环境概况

为路边行道树（如图6-8）。根据养护记录记载，生长量均较小，连年发生叶片焦叶。为了防止融雪剂污染树堰，养护部门每年入冬前在树堰上覆上一块儿树堰大小的塑料布，塑料布上用素土填压。树体及栽植环境如下。

① 树种：银杏。

② 树木高度：8 ± m。

③ 树木胸径：14 ± cm。

④ 栽植时间：2003年。

⑤ 栽植位置：人行道。

⑥ 树池规格：1.2m × 1.2m。

⑦ 树木间距：5m。

为了弄清挡盐布上、下土壤的化学性质，对土壤进行了化验，见表6-4。

◀ 图6–8　海淀区某街道银杏立地环境（丛日晨 摄）

路边栽植的行道树。根据养护记录记载，生长量较小，连年发生叶片焦叶。

表6–4　挡盐布上、下土壤的化学性质

	全氮（μg/g）	pH	全盐量（μS/cm）	速效磷（μg/g）	有机质(%)	氯离子（μg/g）	钾离子（μg/g）
档盐布上	940	9.48	583.0	2611.70	2.12	640.25	40.30
档盐布下	650	8.53	337.5	204.26	0.92	418.05μ	23.91

❷ 衰弱原因分析

2009年冬季，养护部门采用料布平铺埯、料布上填土的方法防止融雪剂污染土壤，土壤其他情况未明。每年6月份开始，部分树木叶片黄化，枝条细弱，生长量小。塑料护层以上土壤分析化验结果：土壤全氮含量为中等水平，处于轻度缺氮水平，速效磷含量高；有机质含量处于高肥力水平；pH = 9.48，比北京一般土壤pH高；全盐量和氯离子含量都显著高于正常土壤水平；塑料护层以下土壤化验指标中有机质含量较低，处于低肥力水平。结合现场分析与土壤化验结果，认为导致远大路银杏衰弱的主要原因与营养面积小、融雪剂污染土壤、土壤有机质含量低有关。

③ 复壮措施

① 拆除原有路面。

② 人工挖土方1000mm深，采用蛙式打夯机夯实，夯实遍数不少于3遍。

③ 人工回填改良基质，深800mm，随填随夯实，虚铺厚度200mm，夯实遍数不少于3遍。

④ 树与树之间放ϕ150圆塑笼透水管，中间位置并排放置。

⑤ 铺设100mm厚砂垫层并夯击密实；铺设100mm厚透水砖，排列成工字形。用橡皮锤敲打稳定。详见图6-9～图6-17。

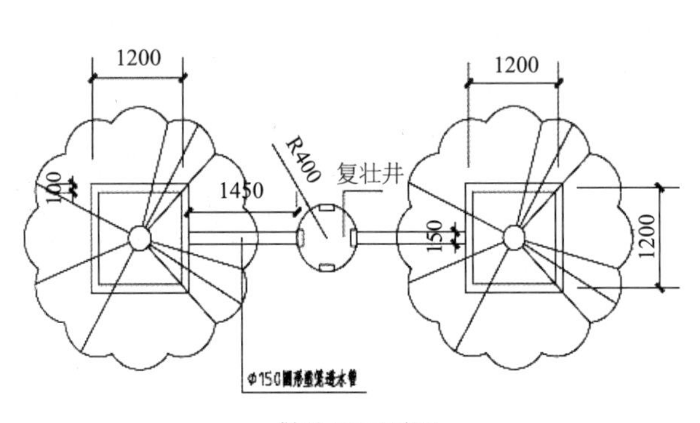

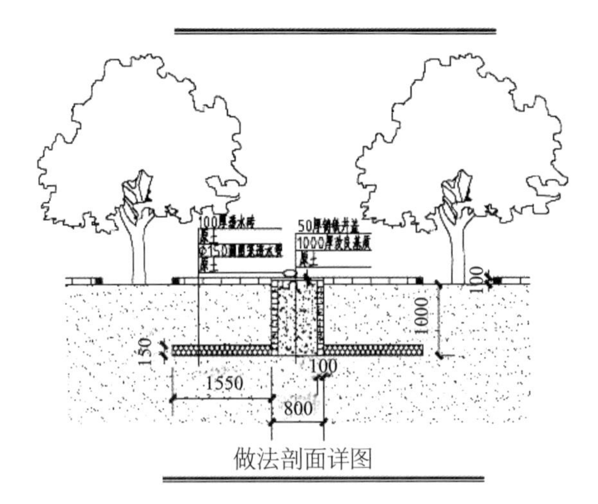

▶ 图6-9 复壮施工示意图（李海川，姚一 绘制）

复壮措施平面图与剖面图。

为了保证复壮效果，养护部门在入冬前继续应用塑料薄膜覆盖树堰，以防止冬季应用融雪剂时污染树堰。为防止塑料布被风吹走，塑料布上面用土进行压覆（如图6-18）。

④ 复壮效果

从复壮后的第二年也即2010年，开始了连续三年的观测。发现在2010年的夏季，不管是复壮树还是未复壮树仍出现了大面积的焦叶现象。但是自2011年开始，复壮后的银杏夏季焦叶的现象得到了明显的缓解（如图6-19）。

但是，笔者也发现了一些值得思考的现象。图6-20（上）、图6-20（下）是夏季贵阳街道上的银杏的生长状态。

◀图6-10　回填园土、陶粒（巢阳 摄）

◀图6-11　铺草炭并混匀（巢阳 摄）

▶ 图6-12 混匀改良基质（巢阳 摄）

▶ 图6-13 压实基质（巢阳 摄）

◀ 图6-14　垫砂、铺透水透气砖（巢阳 摄）

◀ 图6-15　新旧铺装对比（左为新，右为旧）（巢阳 摄）

▶ 图6-16　在树埯四角埋设透水管（巢阳 摄）

▶ 图6-17　透水管埋设完后效果（巢阳 摄）

◀ 图6-18　为防融雪剂应用塑料布覆盖树堰（丛日晨 摄）

◀ 图6-19　银杏复壮前（左）后（右）的效果（巢阳 摄）

▶ 图6-20（上） 贵阳市区的街道银杏（丛日晨摄于2014年7月24日）

从图中可以看出，每株银杏叶片生长非常正常，未发生焦叶现象。

▶ 图6-20（下） 狭小的树埯（丛日晨摄于2014年7月24日）

从图可以看出，树埯又非常小，远远小于北京等北方城市栽植银杏时采用的树埯规格，在汉江、长江流域的一些城市也发现了类似现象。银杏在北方城市一旦离开道路，夏季焦叶现象会极大缓解，结合南方的案例推测，干热和强日照是导致北方城市银杏夏季焦叶的主导因子。

6.2 侧柏、桧柏衰弱原因诊断及复壮

6.2.1 侧柏概述

侧柏（*Platycladus orientalis* L.）属柏科侧柏属常绿乔木。高达20m，幼树树冠卵状尖塔形，老时广圆形，干皮淡灰褐色，条片状纵裂；大枝斜出，小枝直展，扁平，排成平面，两面相似。叶全为鳞形叶，交互对生，先端钝尖。雌雄同株，雌株球花蓝绿色被白粉，球果卵圆形，成熟后红褐色开裂；花期3～4月，种熟期9～10月。

喜光，幼时稍耐阴；适应性强，对土壤要求不严，在酸性、中性、石灰性和轻盐碱土壤中均可生长；耐干旱瘠薄，萌芽能力强，抗有害气体；生长慢，病虫害少，寿命长。因其抗性和耐性属针叶树中较强树种，同时是中国应用最广泛的园林绿化树种之一，1986年被定为北京市市树之一。

本种树姿古朴苍劲，树冠广圆形，枝叶葱郁，生长速度偏慢，寿命长，是传统园林观赏植物，自古以来即常栽植于寺庙、陵墓地和庭园中；也常列植、丛植或群植；因其耐旱，可作阳坡造林树种，也是常见的庭园绿化树种，此外，由于侧柏寿命长，树姿美，所以自古各地多有栽植，因而至今在名山大川常见侧柏树木自成景观（如图6–21）。

◀ 图6–21　中山公园辽柏（丛日晨 摄）

侧柏寿命长，树姿美，所以自古各地多有栽植。

6.2.2 桧柏概述

桧柏（*Sabina chinensis* L.）又称圆柏，柏科圆柏属常绿乔木。高达20m，幼树树冠尖塔形或圆锥形，老树广卵形，小枝直立或斜生。叶具鳞叶及刺叶两种类型，幼树或基部徒长的萌蘖枝上多为刺形叶，3叶轮生，老树多为鳞形叶，交互对生，紧密贴于小枝上。雌雄异株，极少同株，球果近圆球形，两年成熟，熟时呈暗褐色，被白粉。

性喜光、幼树耐庇荫，喜温凉气候，较耐寒；适肥厚湿润砂质壤土，能生于酸性、中性及石灰质土壤上；耐干旱瘠薄，也较耐湿；萌芽力强，耐修剪，易整形，寿命长；深根性，侧根也很发达。对多种有害气体有一定抗性，是针叶树中对氯气和氟化氢抗性较强的树种，能吸收一定数量的硫和汞，阻尘和隔音效果良好。

桧柏应用范围广，我国自古以来多配植于庙宇或陵墓之地，也是皇家园林中不可缺少之观赏树。其树形独特，幼龄为圆锥形，老龄枝干扭曲，俊朗洒脱（如图6–22）。因其性耐修剪又有很强的耐阴性，冬季颜色不变，作为绿篱效果优于侧柏，又可种植于背阴处。

▶ 图6–22 天坛迎客柏（丛日晨 摄）

桧柏在我国自古以来多配植于庙宇或陵墓之地，其树形独特，幼龄为圆锥形，老龄枝干扭曲，俊朗洒脱。

圆柏在北京栽培历史悠久，据统计，北京市百年以上的古柏有4500余株。但在栽培应用中，切忌远离苹果、梨园，避免发生苹桧或梨桧锈病。

6.2.3　侧柏、桧柏衰弱原因诊断

侧柏、桧柏是最能适应城市土壤的两个树种，在北京表现良好。但是，病虫害、树下过度铺装和树下草坪等因素也会导致这两个树种衰弱。

❶ 低洼积水导致侧柏衰弱

明显的特征是顶稍已经枯死，呈现出未老先衰的症状（如图6-23）。在诊断时应特别关注树木是否处于地势低洼处，并检测土壤含水量。

❷ 双条杉天牛导致侧柏、桧柏树势衰弱

该虫主要分布于我国北方，以北京、济南、兰州、唐山、南京等城市发生比较严重，以为害杉木为主，也为害罗汉松、柳树、侧柏、桧柏、龙柏，是柏树上的一种毁灭性蛀干害虫，该虫以其幼虫蛀食树干引起针叶黄化、长势衰弱、风折甚至大片枯死。

◀图6-23　积水后衰弱的侧柏（张俊民 摄）

积水导致的侧柏衰弱，主要特征是顶梢枯死，呈现出未老先衰的症状。

❸ 柏肤小蠹导致侧柏、桧柏树势衰弱

该虫分布于北京、河北、太原、唐山、石家庄、山东、河南、陕西、兰州等省市。以成虫和幼虫蛀食侧柏、桧柏、龙柏、柳杉等，该虫常

和双条杉天牛一起为害，从而加快柏树的衰弱和死亡。该虫在成虫期补充营养时为害健康枝梢，繁殖期为害树干枝条，造成被害树枯枝，甚至死亡。

6.2.4 侧柏、桧柏的复壮

在我国南北方，侧柏、桧柏均具有较强生命力，导致这两种树衰弱的主要原因是蛀干害虫，复壮重点也是做好天牛、柏肤小蠹等蛀干害虫的防治工作，这两种害虫的防治办法参见5.4。对侧柏、桧柏的复壮除了做好蛀干害虫的防治以外，北京市园林科学研究院的研究人员还对衰弱树的地下环境进行了改良，收到了很好的效果。下面介绍应用挖复壮穴改良古桧柏地下环境的实例。

(1) 挖复壮穴

挖穴应在多数吸收根分布区进行，穴的数量、位置、方向、外形和规格应依据实际情况以及是否有利于根系生长和分布来确定。长度、宽度为500～600mm、深度为800～100mm。见图6-24。

(2) 穴内安装通气管

通气管宜选用直径为100～150mm带有壁孔的PVC管，外罩无纺布，上端加盖儿。见图6-25。

(3) 坑内添加改良基质

改土物质包括细砂、粗有机质、干燥的树叶、树枝、柠檬酸、有机无机复合颗粒肥、微量元素等。应符合下列要求：掺入细砂后，改良土壤容重应达到1.1～1.3g/cm^3；掺入粗有机质和腐殖质，改良土壤中有机质含量应大于30.0g/kg；掺入有机无机复合颗粒肥后，土壤氮磷钾的水解性氮应达到90～120mg/kg，速效磷应达到10～20mg/kg、速效钾应达到85～120mg/kg；土壤施微量元素的施用量应为氮磷钾元素用量的2%～5%；改土物质应与土壤混匀后填入沟坑内至地面，然后压实、整平、围堰并应及时浇水。详见图6-26～图6-33。

尽管柏树具有较强的耐草坪能力，但是中山公园的一次实践证明，采用通气、去除草坪等办法还是逆转了一株衰弱古树。近年来，北京园林行业已经认识到了草坪与树木之间的矛盾了，在实践中尽可能的采取一些措施来缓解二者的矛盾（如图6-34、图6-35）。

◀图6-24 挖复壮穴（赵运江 摄）

挖穴应在多数吸收根分布区进行，穴的数量、位置、方向、外形和规格应根据实际情况及是否有利于根系生长和分布来确定。

◀图6-25 安设通气管（赵运江 摄）

通气管宜选用直径为100～150mm带有壁孔的PVC管，外罩无纺布，上端加盖儿。

▶ 图6-26　铺放干燥树枝（赵运江 摄）

▶ 图6-27 铺放干燥的树叶（赵运江 摄）

◀ 图6-28 撒施复合肥、微肥、柠檬酸等（赵运江 摄）

◀ 图6-29 回填素土（赵运江 摄）

▶ 图6-30 素土上部铺放干树枝（赵运江 摄）

▶ 图6-31 干树枝上铺放干树叶（赵运江 摄）

◀ 图6-32 干树叶上撒施复合肥、微肥、柠檬酸等（赵运江 摄）

◀ 图6-33 用素土填满穴坑（赵运江 摄）

▶ 图6-34　严重衰弱的古柏树（吴西蒙 摄）

近年来，北京园林行业已经认识到了草坪与树木之间的矛盾。

◀ 图6-35 树势恢复的古柏树（丛日晨 摄）

去除了树堰中的草皮，并辅助施加打孔等措施，2年后，这株古树的树势恢复了。

受上述效果的鼓舞，北京园林行业相继采取了一些措施，取得了很好的效果（如图6-36～图6-39）。

▶ 图6-36　用木屑覆盖树堰（吴西蒙 摄）

北京中山公园的辽柏，是北京最著名的古树，树龄已达1200多年。为了保护这些古树，去除了树堰中的草坪，用碎木屑进行覆盖。

▶ 图6-37　覆盖后的效果（丛日晨 摄）

◀图6-38 二月蓝替代草坪（牛建忠 摄）

在天坛公园，为了保护古柏树群，采用二月蓝替代草坪，营造出了童话般的景观。

◀图6-39 抱茎苦荬菜替代草坪（丛日晨 摄）

由抱茎苦荬菜形成的如梦如幻的地被景观。由于抱茎苦荬菜不需要过多的浇水，而且根系也不会像草坪那样结网，保证了大树的健康生长。

6.3 油松、白皮松衰弱原因诊断及复壮

6.3.1 油松概述

油松（*Pinus tabulaeformis* Carr.）系松科松属常绿乔木。高达25m，胸径约1m余；树冠在壮年期呈塔形或广卵形，在老年期呈盘状伞形。树皮灰棕色，呈鳞片状开裂，裂缝红褐色；小枝粗壮，无毛，褐黄色。冬芽圆形，端尖，红棕色，在顶芽旁常轮生有3～5个侧芽；针叶2针1束，粗硬，长10～15cm，叶鞘宿存。雄球花橙黄色，雌球花绿紫色；花期4～5月，果次年10月成熟，种子卵形。

阳性树种，深根性，抗风，耐寒性强。喜中性或微酸性土壤，不耐盐碱，在pH值达7.5以上时即生长不良；对土壤养分要求不高，能耐干旱瘠薄土壤，怕水涝，在质地疏松的砂质壤土上生长良好。油松寿命长，在很多皇家园林、名山古刹中均能看到百年以上树木。

油松树干挺拔苍劲，四季常青，不畏风雪严寒。树冠开展，年龄越大姿态愈奇，老枝斜展，枝叶婆娑、苍翠欲滴（如图6-40），每当微风吹拂，犹如大海波涛之声，俗称“松涛”。由于树冠清脆浓郁，有庄严静肃、雄伟宏博的气氛。在园林配植中，可孤植、丛植、对植、纯林群植，也可作配景、背景、框景；园林绿化可用于公园、街区、道路，在皇家园林中应用较多（如图6-41）。

▶ 图6-40　美丽的松树（丛日晨 摄）

油松树干挺拔苍劲，四季常青。树冠开展，年龄越大姿态愈奇，老枝斜展，枝叶婆娑、苍翠欲滴。

◀图6-41　山海关九门口楼台上栽植于明朝时期的松树（丛日晨 摄）

油松在园林中应用较多，可孤植、丛植、对植、纯林群植，也可作配景、背景、框景。

6.3.2　白皮松概述

白皮松（*Pimus bungeana* Zucc.）系松科松属常绿乔木。高达30m，胸径3m；树冠阔圆锥形、卵形或圆头形；树皮呈不规则薄片脱落，内皮灰白色，外皮灰绿色。一年生枝灰绿色，平滑无毛；针叶粗硬，3针一束，长5～10cm，两面有气孔线，叶鞘早落。花期4～5，果次年9～11月成熟，球果锥状卵形。

喜光树，亦能耐半阴，自然生长于凉爽、干燥的地区，对高温高湿条件不能适应；深根性，但能在浅土层上生长；要求土壤肥沃而排水良好，不耐土壤密实，不耐积水；寿命长，生长缓慢，抗污染力强。

中国特产，是东亚唯一的三针松；在陕西蓝田有成片纯林，山东、山西河北、陕西、河南、四川、湖北、甘肃等省均有分布，生于海拔500～1800m地带。辽南、北京、曲阜、庐山、南京、苏州、上海、杭州、武汉、衡阳、昆明、西安等地均有栽培。

我国特有树种，树龄可逾千年，全国多数地区均有栽培；树皮呈乳白色剥落状鳞片，附着在青绿色树干上，夺目耀眼；其树姿优雅，树干横生，形若伞盖，高雅优美，针叶苍绿，洁净孤傲，直刺蓝天，用于配植宫廷、寺院以及名园之中（如图6-42）。

▶ 图6-42　潭柘寺的古白皮松（丛日晨 摄）

该古白皮松通体洁白，就像刷过白灰一样。

6.3.3 油松、白皮松衰弱原因诊断

分析白皮松和油松的习性，可以发现大多数城市的气象环境、土壤环境均不利于油松和白皮松的健康生长。以北京为例，在香山公园、景山公园、北海公园，存留了一些北京乃至全国最有价值的古油松和白皮松，这些树木不仅是公园景观、历史、文化价值的主体，而且也是首都历史名城的一个重要的元素，如北海团城的白袍将军和遮阴侯，在国人心中占有重要地位，但这些古松、古柏的生长势不容乐观。在研究中发现，香山的油松、白皮松要比景山北海的长势健壮得多，而且同时发现，北京西部地势稍高区域的油松和白皮松比东部地势较低区域的长势要好，说明冷凉干爽的气候条件对油松和白皮松的健康生长十分重要。除此之外，其他一些因素共同导致了古油松和古白皮松的衰弱。

❶ 土壤pH过高导致树木衰弱

针叶整体发黄。挖土检查根系周围是否存在石灰；取图样试验室测定土壤pH。土壤pH过高使根系吸收铁、磷等矿质离子的能力降低，并可能影响根系菌根的活性。

❷ 土壤黏重导致树木衰弱

针叶黄化，生长滞缓。挖土检查根系土壤情况。土壤黏重，影响根系呼吸，导致根系活力降低，导致吸收铁、磷等矿质离子的能力降低。

❸ 积水导致树木衰弱

针叶黄化，生长滞缓叶片整体发黄。挖土检查根系情况。积水会导致烂根，导致根系活力降低。

❹ 营养面积过小导致油松、白皮松衰弱

针叶黄化，生长滞缓，叶片整体发黄，多发生在道路或大面积铺装区。营养面积小，土壤通气性差、土壤密实，严重降低根系活力，导致树木衰弱、死亡。

⑤ 草坪导致油松、白皮松衰弱

针叶黄化、稀疏，生长滞缓。草坪阻挡了土壤旺盛的水汽循环，这对喜光树种的影响是致命的。

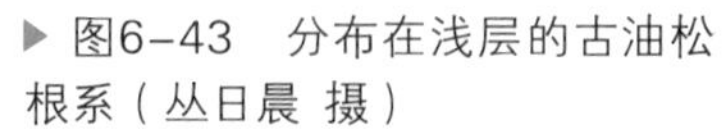

▶ 图6-43　分布在浅层的古油松根系（丛日晨 摄）

在对一株油松采用挖复壮沟的方法进行复壮时发现，这株百年以上树龄的松树，在树冠垂直投影下的根系分布大量集中在0～30cm内，30cm以下几乎不见不到根，推测由于草坪根系造成的通气性的降低以及草坪经常性的浇水时诱导根系集中在表层的原因。试想一下，这株大树，根系只在如此浅的土层范围，生长出现这样或那样的问题，应该是在意料之中了。

⑥ 雨水渗漏至树干中导致树干破损

敲打树干，有明显的回响；用仪器探测，发现树干中空50%以上。

⑦ 松球蚜导致油松、白皮松衰弱

新稍发黄，远看一片白絮状。松球蚜以无翅蚜在寄主植物枝干裂缝中越冬。翌年春季继续为害，刺吸枝干汁液；5月产卵，若蚜孵化后固定在枝、干的幼嫩部位及新抽发的嫩梢、针叶基部，吸取汁液为害。

⑧ 微红梢斑螟导致油松、白皮松衰弱

梢枯黄弯垂。卵散产于松梢松针基部，6月中旬幼虫孵化，蛀入新梢髓部后多先往尖端蛀食为害，到顶部后再往下蛀食，被害梢枯黄弯垂。剪取枯萎小枝，在髓部发现蛀食隧道。

◀ 图6-44　松梢斑螟危害白皮松症状（切开一断时间后）（丛日晨 摄）

▶ 图6-45 松梢斑螟危害症状（切断一段时间后）（丛日晨 摄）

梢枯黄弯垂。剪取枯萎小枝，在髓部发现蛀食隧道。

▶ 图6-46 松梢斑螟幼虫（仇兰芬 摄）

⑨ 横坑切梢小蠹导致油松、白皮松衰弱

树木衰弱，树干上有虫孔。此虫主要侵害衰弱木和濒死木，亦可侵害健康木。多在树干中部的枝条内蛀筑虫道，常使树木迅速枯死。夏季，新成虫蛀入健康木当年生枝梢，进行补充营养，被害枝易被风吹折断。老成虫在恢复营养期内也危害嫩梢，严重时被“剪切”的枝梢竟达树冠枝梢的70%以上。在边材上的坑道痕迹清晰。

⑩ 松黑木吉丁导致油松、白皮松衰弱

为害初期很难发现此虫，树干外发现有羽化孔与被害树衰弱或死亡同时发生，已经无法挽救。

⑪ 松落针病导致油松、白皮松衰弱

通常针叶的病斑出现在春末夏初，针叶受侵后出现黄色小点，以后变黄色段斑，中间变黄褐色，逐渐引起全叶变色。夏末秋初病叶开始脱落，大部分病叶在秋末冬初脱落，落下病叶变为灰褐色或灰黄色。

6.3.4 衰弱油松、白皮松复壮技术

在北京，西部山区的油松和白皮松生长势优于城区，这说明，干热的城市气候对油松和白皮松的生长造成了一定的负面影响，并导致了油松和白皮松出现了不同程度的衰弱。但是，受蛀干害虫的侵袭仍然是导致油松和白皮松衰弱的最主

要原因。北京近年来因受小蠹和吉丁虫的侵害，每年都有油松和白皮松死亡。为此，油松和白皮松复壮的主要问题仍然是防治蛀干害虫。

在日常管理中发现，由于在修剪油松枝条时，留下的橛经过一段时间后，会发生腐朽现象，进而波及树干，形成孔洞，随着雨水连年侵入，会造成孔洞下的树干心材腐朽。最糟糕的是，小蠹会从空洞侵入，给树干带来巨大的伤害。图6-47是发生在某公园的因大风折断的油松，究其原因发现是因树橛的空洞，导致雨水入侵进而发生小蠹所致。

进一步观察发现以破损树桩为核心，心材向下腐朽严重，心材全部腐朽，腐朽长度达2m以上，向上腐朽较轻，心材损坏面积是下部的1/10左右。同时发现腐朽心材上密布虫孔，而活体边材表皮不见或很少有虫孔，在活体边材内侧，即与心材接触部位发现虫孔（如图6-48）。

经分析认为，造成这株古树心材腐朽的原因如下。

- 由于树桩破损，导致渗漏雨水，为木腐菌的活动提供了有利条件，经常年侵蚀，造成了心材腐朽。
- 心材中的虫孔，是由横坑小蠹危害造成。一般来讲，小蠹不能达到心材部位，但小蠹有危害衰弱树或破损树干的习性，因此认为，是心材腐朽以后，小蠹从破损部位侵入心材，进而加快了心材的腐朽。
- 类似的案例在另一处公园里也发生过（如图6-49～图6-51）。

因此，对油松、白皮松树干上的孔洞及时进行修补是油松、白皮松复壮的重要内容。技术流程见图6-52～图6-54。

◀ 图6-47 古油松心材腐朽状况（丛日晨 摄）

在修剪油松枝条时，留下的橛经过一段时间后，会发生腐朽现象，进而波及树干，形成孔洞，随着雨水连年侵入，会造成孔洞下的树干心材腐朽。

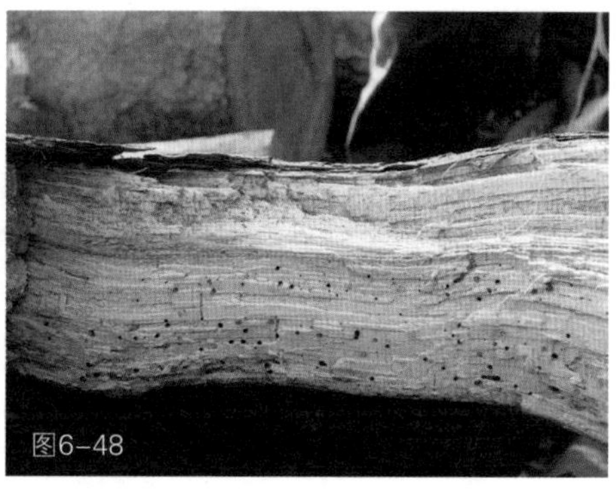

◀ 图6-48 被刮倒古树虫孔情况（丛日晨 摄）

腐朽心材上密布虫孔，这些虫孔由横坑小蠹危害造成。普遍认为，是心材腐朽以后，小蠹从破损部位侵入心材，加快了心材的腐朽。

▶ 图6-49　拦腰折断的古油松（丛日晨 摄）

古油松心材腐朽，小蠹从破损部位侵入心材，进而加快了心材腐朽，导致油松被大风折断。

◀ 图6-50　腐朽的心材（可见虫蛀孔）（丛日晨 摄）

▶ 图6-51　残缺的根茎（丛日晨 摄）

现场发现，该株油松树干上没有孔洞。在根茎处有孔洞，推测害虫和水气由根茎处的孔洞进入，共同导致了心材的腐朽。

▶ 图6-52　对破损的树干用干燥的木板封闭（赵运江 摄）

对树干上的孔洞进行及时的修补是油松、白皮松复壮的重要内容。

◀ 图6-53 用玻璃钢进行密封（赵运江摄）

通过密封，防止了横坑小蠹由破损部位侵入心材，加快心材腐朽。

◀ 图6-54 仿真处理（赵运江摄）

除了对树干处理之外，在地下土壤处理方面，也有些成功的例子。图6-55是一株路边的白皮松。为了满足游览和通行，在白皮松的一侧设置了道路，造成了

▶ 图6-55 树势衰弱的白皮松（赵云江 摄）

这是一株路边的白皮松。为了满足游览和通行，在白皮松一侧设置了道路，造成了其树势衰弱。

白皮松树势衰弱。为了逆转树势，便在甬道上设置了复壮井（如图6-56），内填改良基质，安装了铁架龙骨，保证回铺透水砖后，照样满足荷载要求。为了保证水汽循环，还安置了铁篦子（如图6-57）。两年后，树势得到了明显的改善。

◀ 图6-56 挖设复壮井（赵云江 摄）

为了逆转白皮松树势，在甬道上设置了复壮井，内填改良基质，安装了铁架龙骨，保证在回铺透水砖后，能够满足荷载要求。

◀ 图6-57 回铺透水装和铁篦子（赵云江 摄）

为保证水汽循环，安置了铁篦子。

图6-58则是对路边的一株油松的土壤通气状况进行改善的另一案例。同样是在甬路上挖设了复壮井，而且还铺设了整体为弧形的铁篦子，妥善地解决了树木复壮和通行的矛盾。

▶ 图6-58　油松树边侧人行道上挖设的复壮井（丛日晨 摄）

对路边油松的土壤通气状况进行改善的案例。妥善地解决了树木复壮和通行的矛盾。

6.4 国槐衰弱原因诊断及复壮

6.4.1　国槐概述

国槐（*Sophora japonica* L.）系豆科槐属落叶乔木。高15～25m，树皮暗灰色，浅纵裂；小枝绿色，皮孔明显。奇数羽状复叶，叶轴有毛，基部膨大；小叶9～15，卵状长圆形，顶端渐尖而有细突尖，基部阔楔形，下面灰白色，疏生短柔毛。圆锥花序顶生；萼钟状，有5小齿；花两性，花冠乳白色，旗瓣阔心形，有短爪，并有紫脉，翼瓣龙骨瓣边缘稍带紫色；荚果肉质，串珠状，成熟后干涸不开裂，经冬不落；花期长，7～8月开花，11月果实成熟。

国槐原产于中国北部，喜阳光，稍耐阴，不耐阴湿而抗旱，在低洼积水处生长不良；对土壤要求不严，较耐瘠薄，石灰及轻度盐碱地（含盐量0.15%左右）上也能正常生长，但在湿润、肥沃、深厚、排水良好的砂质土壤上生长最佳。耐烟尘，能适应街道环境，对二氧化硫、氯气、氯化氢均有较强的抗性。深根系树种，萌芽力强，寿命极长，可达500年以上。病虫害少。

国槐生命力顽强，绿叶周期长，粗大美观，枝叶茂盛，花香淡雅，既宜于生长，又可以美化环境，综合考量起来，最适合北京的土质和气候环境，宜于大范围栽种。1986年前后，北京市政府征求市树市花，征询过林业专家、民俗专家、园林绿化专家以及广大市民等的意见之后，作为北京乡土树种之一的国槐被选为市树之一。

国槐是中国长寿树种之一，其冠球形庞大，枝繁叶密，花期较长，绿荫如盖，为庭院常用的特色树种；寿命长而耐城市环境，因而是良好的行道树和庭荫树；由于耐烟毒能力强，可在矿区绿化种植；花期夏季，蜜源树种，其花蕾、果实、树皮、枝叶均可入药；根系较深，是防风固沙，用材、经济林及美化兼用的树种。

▶ 图6-59　建筑物前独树成景的国槐树（丛日晨 摄）

国槐为落叶乔木，树冠球形，枝繁叶茂，花期较长，绿荫如盖，为庭院常用的特色树种。

▶ 图6-60　国槐中间长出了臭椿树（王永格 摄）

图中国槐树冠的中间是一株臭椿树。要评一评生命力的顽强程度，画面中的人只能排在第4名了（第1名是国槐树，第2名是臭椿树，第3名是驴子）。

6.4.2　国槐衰弱原因诊断

国槐是北京的乡土树种，无论是做路树栽培还是在大绿地中作为景观树，都表现良好。但是国槐易招致虫害，特别是蛀干害虫是造成国槐衰弱的主要原因，积水和阴湿也容易导致国槐的衰弱。另外，国槐树干易腐朽，俗语有“十槐九空”的说法，意指国槐树干极易腐朽，特别是树龄超过100年的国槐，几乎没有不发生树干中空的，但是国槐即使发生了树干中空，由于其形成层活力十分强大，衍生出来的次生木质部会很快承担起水分和矿物质的运输功能，并能支撑庞大的树冠，因此，若不是中空过分严重，树势一般不会受到影响。

❶ 低洼积水导致国槐衰弱

叶片发黄，枝条细弱，有的树干树皮开裂。诊断时应重点检查土壤含水量和根系状况。

❷ 树干腐朽导致国槐衰弱

重点观察树干破裂程度，树干上是否存在洞眼。若树干外观完整，可敲打树干，是否听见回响，也可用心材检测仪检查。

◀ 图6-61 大风吹裂的国槐的树干（丛日晨 摄）

国槐树干易腐朽，俗语有“十槐九空”的说法，意指国槐树干极易腐朽。

◀ 图6-62 中空腐朽的国槐树干（丛日晨 摄）

◀ 图6-63 折断的国槐（丛日晨 摄）

从图中可以看出，该国槐的材质部分只有外圈少部分是活的，其余大部分已经死亡，足见国槐的生命力是多么顽强。

❸ 锈色粒肩天牛导致国槐衰弱

叶片发黄，树势衰弱。成虫产卵多在胸径7cm以上的树干基部，卵上覆盖草绿色糊状分泌物。幼虫孵化后垂直蛀入韧皮部，不断地排出粪便。成虫全身被有铁锈色绒毛，头部中央有一纵沟，有一对深褐色触角。雌虫长36cm左右，雄虫稍短。蛹长30～40mm，乳黄色，到羽化前渐变为褐色。幼虫长达58mm，乳黄色，前胸背板褐色，有黄色八字形条纹。卵椭圆形，乳白色。胸径7cm以上的树。检查树干是否有虫孔和排除的粪便。锈色粒肩天牛。该虫以幼虫钻蛀树干，为害木质部，破坏树木输导系统为主，为害较隐秘，防治困难，是国槐的毁灭性虫害。

6.4.3 衰弱国槐复壮技术

国槐是北方最能适应城市气候和土壤环境的树种，若不遇水淹和蛀干害虫，很少出现衰弱。但是2009年对北京工体北路的国槐行道树调查时发现，整条街的国槐出现干稍无生长量或很少有生长量等衰弱特征。经对这条街的国槐进行复壮后，症状彻底逆转。

❶ 树体及栽植环境概况

① 树种：国槐。

② 树木高度：5.5～11.5m。

③ 树木胸径：15～33cm。

④ 栽植时间：1970年。

⑤ 栽植位置：人行道。

⑥ 树池规格：1.5m×1.5m，米石铺满树埯。

⑦ 树木间距：5m。

❷ 衰弱原因分析

分析现场环境认为，工体北路国槐树木衰弱的主要原因与米石封闭树埯导致树木缺水、缺肥有关。

◀ 图6-64 朝阳区工体北路国槐立地环境（巢阳 摄）

2009年对北京工体北路的国槐行道树调查时发现，整条街的国槐出现干梢无生长量或很少有生长量等衰弱特征。分析认为其与米石封闭树堰导致树木缺水、缺肥有关。

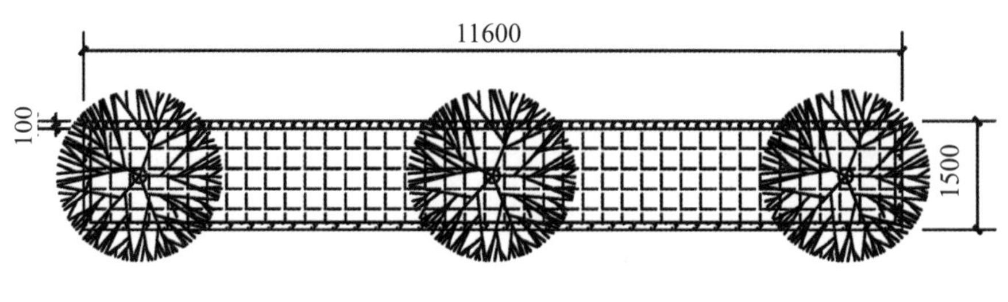

做法平面详图

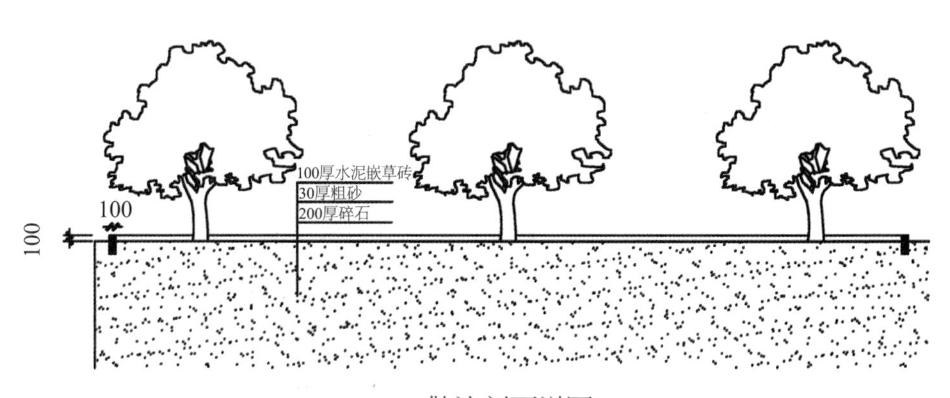

做法剖面详图

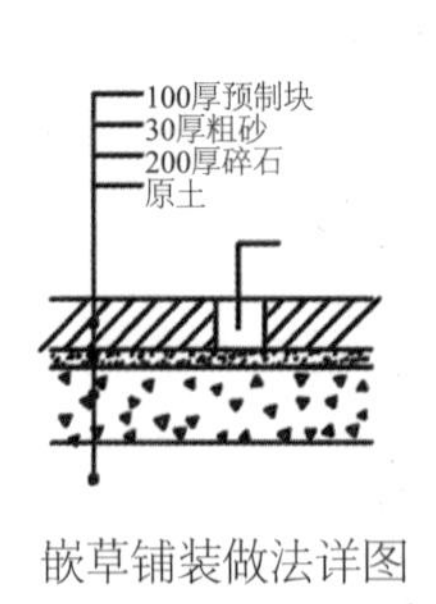

嵌草铺装做法详图

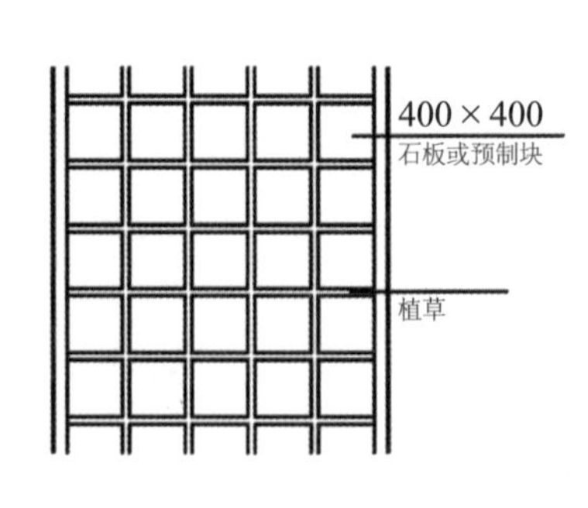

嵌草铺装做法详图

▶ 图6-65 复壮施工示意图

③ 复壮措施

- 去除破旧米石，每三株树一组去除树之间铺装。
- 增施微生物菌肥和有机肥。
- 在三株树之间回铺嵌草砖。

◀ 图6-66　铺碎石（巢阳 摄）

◀ 图6-67　铺嵌草砖（巢阳 摄）

◀ 图6-68　施用复合颗粒肥（巢阳 摄）

▶ 图6-69　复壮后铺装效果（巢阳 摄）

左图为原地面铺装，右图为新铺装。

6.5 雪松衰弱原因诊断及复壮

6.5.1　雪松概述

雪松（*Cedrus deodara*）为松科松属常绿乔木。树高50m以上，最高可达72m，胸径近3m，树冠尖塔形，有长短枝之分，且长枝呈不规则轮生状。针叶短，灰绿色，长2.5～5cm，在长枝上螺旋状排列，在短枝上簇生。雌雄异株，少数同株，花期晚，10～11月份开花，球果翌年10月成熟。

原产喜马拉雅山西部，阿富汗至印度海拔1300～3300m地带，我国从1920年开始引种，以长江中下游各城市普遍栽培，青岛、北京、大连等地陆续有栽培应用。

雪松耐寒性不强，北京地区属边缘树种，栽植1～2年苗木需在西北方向搭风障保护，极端低温或骤然降温易发生冻害，尤以幼苗较为明显。2009年北京极端低温导致大批圃地苗木死亡，绿化应用苗木也遭受不同程度冻害。耐干旱瘠薄能力较强，不耐水湿，以深厚肥沃、排水良好处生长较佳。雪松属速生树种，浅根性，抗风力不强；不耐土壤密实，喜疏松通透土壤；不耐盐碱，对烟尘和二氧化硫抗性较弱，不宜在工矿区绿化种植。

雪松树干挺拔，姿态优美（如图6-70），是世界著名的观赏树种，适宜孤植于草坪中央、广场中心等开阔地带，或对植于主要建筑物两旁和机关单位入口处，或列植于道路两侧。其主干下部的大枝自近地面处平展，常年不枯，自下而上层层叠落，如金字塔形的树冠使其更适合孤植应用。

◀图6-70 美丽的雪松（丛日晨 摄）

雪松树干挺拔，姿态优美，是世界著名的观赏树种，适宜孤植于草坪中央、广场中心等开阔地带。

6.5.2 雪松衰弱原因诊断

雪松的枯枝、枯稍现象在北方在植雪松的城市时有发生，严重时导致树冠顶梢干枯或整株树死亡。2013年北京的雪松出现了大面积的枝条黄化、枯梢甚至死亡的现象，为中华人民共和国成立以来损失雪松最多的一年。北京市园林科学研究所科研人员自5～8月共出现场50余次，进行了大量的现场取证工作，经分析形成以下结论。

❶ 枯枝病造成雪松衰弱

调研中发现，病弱雪松所表现的症状与雪松枯枝病病症极其相似，经检索比对认为是由松梢枯病菌即松球壳孢菌所引起。雪松枯枝病的症状是：病菌侵染后首先使嫩的针叶失绿变色，并逐渐向下蔓延，当病斑环绕皮层后，小枝随之枯死，其上部的针叶呈赤褐色，并迅速脱落，仅残存枯死的小枝。可在病菌侵染点附近的针叶上首先看到黑色颗粒状的病原菌子实体，往往在病健交界处可见到梭状溃疡病斑，并伴有明显的松脂外溢。病原菌主要在发病的针叶和枝条上越冬，借助风雨传播，病菌从嫩梢、嫩叶上直接侵染或从伤口侵染，如果寄主生长势衰退，病菌则可以不断地蔓延发展，危及整个枝条，引起全枝枯死（如图6-71）。

另外，科研人员还对黄河以南一些城市的雪松的生长情况进行了调研，发现这些城市的雪松生长良好，均未发生枯枝病，由此认为，气候因素是北京雪松发生枯枝病的主要诱因。2009年11月北京降大雪，造成雪松发生严重冻害，冻伤部分逐年被病菌感染，导致这些树种随后连年出现严重问题。2012年至2013年冬季低温持续时间较长，而且春季气候反常，忽冷忽热，上述气候现象造成了北京雪松枯枝病在2013年集中爆发。

❷ 根腐病造成雪松衰弱

调研中发现，部分雪松毛细根大量死亡，经检索比对呈现明显的根腐病特征，确认北京雪松感染上了根腐病。雪松根腐病的特征是：发生在雪松根部，以新根发生为多。初期病斑浅褐色，后深褐色至黑褐色，皮层组织水渍装坏死，产生“离骨”现象。大树染病后在干基部以上流溢树脂，病部不凹陷，地上部分枝

◀ 图6-71 雪松枯枝病症状（丛日晨 摄）

病菌侵染后首先使嫩的针叶失绿变色，并逐渐向下蔓延，当病斑环绕皮层后，小枝随之枯死，其上部的针叶呈赤褐色，并迅速脱落，仅残存枯死的小枝。

条褪绿枯黄，皮层干缩，严重时针叶脱落，整株死亡。雪松根腐病菌土传菌，多从根尖、剪口和伤口处侵染。在地下水位高、积水、栽植过深、土壤黏重和土壤贫瘠的情况下更容易发病，夏季多雨、草坪闷捂树根等因素都会导致这两种病害发生。2012年北京逢多雨年，为大面积发生根腐病创造了条件。调研中还发现，越是高龄雪松（如20龄以上）就越易得根腐病，越是在低洼、积水处的雪松根腐病就越严重，与大多数研究者发现的一致。

▶ 图6–72 成排的雪松感染了枯枝病（丛日晨 摄）

雪松的枯枝、枯梢现象在北方种植雪松的城市时有发生，严重时导致树冠顶梢干枯或整株树死亡。2013年北京的雪松出现了大面积的枝条黄化、枯梢甚至死亡的现象。

❸ 松大蚜发生造成雪松衰弱

2012年和2013年北京雪松大面积爆发松大蚜。在各现场调研时发现，基本上衰弱或死亡雪松都有严重松大蚜发生，松大蚜可导致雪松树势迅速衰弱，是枯枝病的主要诱因之一。在调研时发现，有的单位的雪松松大蚜为害非常严重，小枝上布满幼虫，小枝皮被咬破，为枯枝病致病菌侵入创造了机会。有的单位的养护部门虽然进行了打药处理，但是由于打药车压力不够，10m以上部位打不上药，蚜虫迁移到树冠继续危害，进而导致树势衰弱，最终导致枯枝病发生。

◀ 图6-73　雪松长足大蚜（丛日晨 摄）

图中的雪松松大蚜为害非常严重，小枝上布满幼虫，小枝皮被咬破，为枯枝病病菌侵入创造了机会。

④ 毛细根过浅导致雪松衰弱

在调研时发现，北京雪松的根系有一个共同问题，就是毛细根过浅，好多毛细根都在5～10cm的地表土中，冷冻、干旱都会导致毛细根死亡，进而导致树木衰弱或死亡。尽管不能找出毛细根被冻死是导致北京雪松衰弱或死亡的直接原因，但是北京大树根系浅是一个不争的事实，这与北京市近20年来地下水位严重下降有关（2010年北京平均地下水位为−35m，而1985年时为−8m）。

6.5.3　衰弱雪松大树复壮技术

已经落叶1～2个月以上的雪松，恢复生长的可能性很小，雨季过后若还不能生长出新叶，可移除；对枯死的顶稍，应立即去除，使用伤口涂抹剂后，再用机油涂抹；对于针叶黄化、生长势衰弱的雪松，建议采取以下措施。

- 除去树冠垂直投影下草坪和其他栽植物，应用恶霉灵、辛硫磷灌根，并结合灌施生根粉、硫粉、磷肥，翻半锹后，浇水。
- 应用吡虫啉（高效氯氰菊酯微囊悬浮液）、恶霉灵喷洒树冠杀虫、杀菌。
- 11月底，堆大堰，灌冻水，客土封堰。
- 3月30日，对所有雪松进行“揭盖”处理（也即开堰或揭掉树冠垂直投影下的草坪，浇返青水，对衰弱雪松按前两条方法处理，每10天中耕一次。若需要覆盖树堰的，须至5月中旬方能进行覆盖。

- 建议研究制定针对雪松的中深层补水的策略。

表6-5　处理针叶黄化雪松处方（树堰直径：16m，可树堰大小按比例增减药量）（丛日晨，王云平）

部位	药品	用量	备注
地下部	杀毒矾	1000g	均匀撒施
	多菌灵	1000g	均匀撒施
	辛硫磷	500g	均匀撒施
	生根粉3号	5袋	用50g酒精溶解后，混入20L水桶中，均匀撒施
	磷酸二氢钾	500g	均匀撒施
	硫粉	100g	均匀撒施
	有机复合肥	25kg	均匀撒施
地上部	吡虫啉（或高效氯氰菊酯微囊悬浮液）	按药品说明	树冠喷雾
	甲基硫菌清	按药品说明	树冠喷雾

在调研时发现，在北京的一些机关大院中20世纪六、七十年代栽植的雪松，已形成了参天大树，与落叶大乔木共同形成了这个院落的绿色骨架，但是因为雪松的死亡，导致全园景观尽失，恢复已是不可能，十分可惜。除了雪松之外，在北京栽植较多的落叶乔木如悬铃木，因枝繁叶茂，生长迅速，深受人们喜爱，在北京常做路树栽培，但是受冬季寒冷、干旱等因素的影响，悬铃木经常发生死亡，所以在北京很难找出一条整齐一律的悬铃木街道路树，基本上是高的高，细的细，爷爷领着孙子，非常不美观。此外，近年来紫薇、马褂木等在北京的生长表现都不容乐观。由此认为，外来树种尤其是边缘树种，出问题是必然的，是早晚的事，不出问题是偶然的，它们能活一时，但活不了一世，一个城市的绿色骨架决不能把宝押在外来树种上，应该应用那些抗性强、景观好的乡土树种。

当前，北京地区已有大量雪松因感染枯枝病失去了顶稍，行业上对这些雪松的去留存在疑惑。笔者认为，对这类雪松的防治重点应放在抑制枯枝病向下感染上，不应伐除或任其病情发展，若处理得当，一定时间后，雪松仍能表现很好的景观（如图6-74）。

◀图6-74　平头雪松（丛日晨 摄）

北京地区已有大量雪松因感染枯枝病失去了顶梢。笔者认为，对这类雪松的防治重点应放在抑制枯枝病向下感染上，不应伐除或任其病情发展，若处理得当，一段时间后，也会成景。

6.6 悬铃木衰弱原因诊断及复壮

6.6.1　悬铃木概述

悬铃木为悬铃木科悬铃木属落叶大乔木，系法桐、美桐和英桐的总称。树皮薄片状开裂；单叶互生，叶掌状开裂，叶柄下芽；雌雄同株，呈球形头状花序，聚合果由具翅小坚果组成。

法桐（*Platanus orientalis* L.），又称三球悬铃木。树冠阔钟形，幼枝、幼叶密生褐色星状毛；叶掌状5～7深裂，中部裂片长大于宽；球果常3个串生，多者可达6个。原产欧洲东南部及小亚细亚，耐寒性稍弱，越冬易灼条。

美桐（*Platanus occidentalis* L.），又称一球悬铃木。树冠圆形或卵圆形，叶3～5掌状浅裂，中部裂片宽大于长；球果常单生，偶2个串生。原产北美东南部，我国长江流域至华北南部有栽培。

英桐（*Platanus acerifolia* Willd.），又称二球悬铃木，为法桐和美桐的杂交品种。叶3～5掌状裂，中部裂片长与宽近于相等；球果常2个串生，偶有1个或3个串生。该杂交种最早育于英国，现世界各地广为栽培。

悬铃木喜温暖湿润气候，树皮薄，不耐强光暴晒，北京适宜栽植在背风处，道路和空旷地栽植易灼条和裂皮；对土壤要求不严，微酸、微碱或中性土壤中均可正常生长；有一定耐旱力，但以水边种植生长良好，同时，北京早春的干冷风容易使其因地上部发生生理干旱而灼条；生长快，耐修剪，抗二氧化硫、氯气及烟尘能力强。根据多年栽种经验，3种悬铃木以美桐抗寒性最强，其次为英桐，法桐抗寒性最弱。

悬铃木树体高大，树冠宽广，生长迅速、枝繁叶茂，遮阴效果极佳，是公认的优良庭荫树和行道树，世界各地广为栽培应用。结合北京城市气候特点，悬铃木适宜栽植在公园、庭院、院校、机关单位等半开阔环境，行道树栽植应选择背风面。

6.6.2 悬铃木大树衰弱原因诊断

尽管悬铃木对城市土壤具有非常高的适应性，但是在北方（以北京为例）应用悬铃木做行道树的城市，很难找出像国槐那样整齐的街景，一般都是祖孙三代排在一起，有的高、有的矮，有的胖、有的瘦，有的粗、有的细，这是因为，当悬铃木被用作行道树栽培时，在栽植后的5～8年内，总是有一定比例的树木死亡，补植后当新补植的树木规格小于源于树木时，便出现了祖孙同堂的现象。原因有以下几点。

❶ 路面硬化及营养面积过小导致悬铃木衰弱

常表现叶片发黄，树冠顶稍枯死。这与过度的铺装阻碍土壤的空气交流，降低了土壤的透水透气性有关。另外，与国槐相比，悬铃木更喜水，当树埯太小不能实施浇灌时，在炎热的6月份，悬铃木因干旱会发生焦叶现象。

❷ 悬铃木方翅网蝽导致悬铃木衰弱

多发生在夏秋两季的高温干旱季节。悬铃木方翅网蝽以成虫和若虫寄生于寄

◀ 图6-75 高大的悬铃木（王永格 摄）

悬铃木树体高大，树冠宽广，生长迅速、枝繁叶茂，遮阴效果极佳，是公认的优良庭荫树和行道树，世界各地广为栽培应用。

主叶背吸汁为害。被危害的法桐叶片呈浅黄褐色，叶片正面有许多白色和锈色点，叶片背面有密密麻麻的白黑虫点，且叶背面会有多数褐色排泄物，该虫的发生为害还会诱发溃疡病和炭疽病，对悬铃木的正常生长会带来更大的为害。

❸ 种植地缺铁或含盐量太高导致悬铃木衰弱

法桐整个树体黄化，首先表现在嫩叶上，受害法桐首先从叶片边缘发黄，后发黄叶片向内卷曲，严重时整个叶片发黄。造成园林植物缺铁失绿的原因，一方面是由于植物本身对铁的吸收和利用能力低，另一方面则是土壤因子的影响，特别是当pH过高时，会对铁的有效性产生影响。

❹ 秋季雨水过多导致悬铃木冬春裂干

在北京等地，当秋季雨水过多时，翌年春季会发现一些悬铃木根茎上的干发生了开裂现象，有的在木质部表层，有的甚至深达髓部，进而会出现树干流胶、树势衰弱等问题。造成这个问题的原因是因为秋季雨水过多，导致悬铃木吸收过多水分，当冬季遇到温度过低时，便会发生裂干现象。在实践中还发现，向西侧的树干发生裂干的现象比其他方向的要多，这是因为西侧树干由于受下午强光的照射，温度变化更剧烈，更易发生裂干。

❺ 日灼导致悬铃木衰弱

多发生在四周没有建筑物遮挡的悬铃木的西侧树干。原因是受下午强光的照射所致。表现为西侧树干或大枝的表面呈焦糊状，面积可大可小，深可达木质木形成层，也可同时发生裂干。日灼烧干会导致被灼部分不可逆恢复，进而使皮干发生腐烂现象，导致树木衰弱。

6.6.3 悬铃木衰弱大树复壮技术

北方地区，尤其是冬季寒冷少雪的地区，对衰弱悬铃木的复壮应采取综合措施进行复壮。主要包括以下措施。

- 根据衰弱程度采取不同轻重的修剪措施。实践证明，砍头复壮是当前解决初、中期衰枯法桐的有效措施。对法桐衰枯严重，树冠出现枯梢并发展至侧枝的采取短截的措施。

- 树干缠裹草绳。对已发生裂干或日灼的悬铃木树干可用草绳进行缠绕，防止症状继续发展，并有可能促进裂干较浅的悬铃木重新愈合。在入冬前进行树干缠草绳，可有效地防治悬铃木树干开裂和日灼，此项技术已经作为北方悬铃木日常管理的一项重要技术。
- 扩大营养面积。因为悬铃木地上部和地下部生长均迅速，所以无论是地上、地下部都需要很大的空间。在城市街道上的悬铃木，在15年树龄以后，树堰的面积多不能满足悬铃木的生长需要，或因树堰被根挤满而不能进行有效的浇灌。为解决这个问题，在生产实践中可采用两个相邻树树堰联通的方式加以解决。

6.7 元宝枫、五角枫衰弱原因诊断及复壮

6.7.1　元宝枫和五角枫概述

元宝枫（*Acer truncatum* Bunge）为槭树科槭树属落叶乔木。树冠开展呈伞形或倒广卵形，干皮浅纵裂，小枝细，土黄色；单叶对生，叶掌状5裂，有时中裂片或中部3裂片又3裂，叶基通常截形，少心形，基部2裂片有时直线下延；先花后叶或花叶同放，花黄绿色，5瓣，成顶生聚伞花序，杂性同株，翅果似元宝，两翅开展呈直角，少钝角；花期4月，果9～10月成熟。

主产黄河流域各省份，以海拔500m的低山或平原最为常见，现华东、华北各省市普遍栽培。

弱阳性，喜侧方庇荫的湿润凉爽环境；耐寒性强，较抗风，不耐干热及强光暴晒，在本市城区植于公园、庭园内丛林中多生长良好，但地表辐射热较强或道路绿化的强烈日晒地段，常出现焦叶现象。据观测，元宝枫焦叶发生程度同年降水量密切相关，一般在降水量较少的年份，空气湿度及土壤含水量相应下降，城区元宝枫焦叶率增加。

深根性树种，但在底层碴土坚实路段根系分布变浅；萌蘖性强，生长速度中等，不甚耐干旱及水湿，对烟尘污染和有害气体有一定抗性，适应城市环境能力强。

元宝枫叶形秀美，果实奇特，春色叶红色，秋色叶变为红色或黄色，是北方地区著名的秋色叶树种（如图6-76）。可配植于堤岸、草地或建筑物附近，也可作荒山造林或营造风景林的伴生树种。

▶ 图6-76　美丽的元宝枫（王永格 摄）

元宝枫叶形秀美，果实奇特，春色叶红色，秋色叶变为红色或黄色，是北方地区著名的秋色叶树种。可配植于堤岸、草地或建筑物附近，也可作荒山造林或营造风景林的伴生树种。

对于五角枫与元宝枫不少的人对其存在误解，认为五角枫就是元宝枫，其实不然，五角枫与元宝枫因为形态相似常常被人们混淆，五角枫与元宝枫同为槭树科槭属乔木，两者树形优美，叶果秀丽，秋季叶色变红；干较矮一般在13m左右，树势较弱，干高达20m余；元宝枫干皮灰黄色，浅纵裂，小枝灰黄色（一年生枝嫩绿色），光滑无毛；而五角枫的干皮薄，呈灰褐色，嫩枝刚长出时有疏毛，后逐渐脱落。两者都是单叶对生，叶掌状裂。

但元宝枫叶掌状五裂，有时中裂片又分二裂，裂片先端渐尖，叶基通常截形，稀心形，两面均无毛。而五角枫的叶掌状常为五裂，裂片宽三角形，全缘，两面无毛或仅背面脉叶有簇毛，网状脉两面明显隆起，基部常为心形；五角枫的果展开为钝角，元宝枫的果两翅展开略成直角，五角枫与元宝枫各有各的特点，不要将两种树混为一谈。

元宝枫树在我国分布在黄河中下游流域、江苏北部、安徽南部，最北可至东北南部。而五角枫树在我国分布在产东北、华北和长江流域各省。苏联西伯利亚东部、蒙古、朝鲜和日本也有分布。从上述可以看出，元宝枫不应分布在吉林或黑龙江。近年来，由于元宝枫大苗在市场紧俏，京津冀的园林从业人员便从坝上、吉林、黑龙江大量采购五角枫，引入园林中应用，出现了大量的问题，行业上把问题扣在了元宝枫的头上，已经引起了人们的误解。

6.7.2 元宝枫大树衰弱原因诊断

❶ 蛀干害虫导致元宝枫

元宝枫和五角枫常见虫害有：蚱蝉、京枫多态毛蚜、元宝枫花细蛾、黄娜刺蛾、六星铜吉丁虫、光肩星天牛、星天牛、小线角木蠹蛾。尤其是光肩星天牛、星天牛可为元宝枫导致毁灭性的伤害。

❷ 土壤黏重导致元宝枫衰弱

所栽树种对立地条件不太适应而发病，如地势低洼，土壤黏重，排水不良，土壤pH值过高。

❸ 营养面积过小、土壤瘠薄导致元宝枫衰弱

因元宝枫性喜湿润、肥沃、土层深厚的土壤，城市中栽植的元宝枫因营养面积过小，往往会发生衰弱现象，并导致大量的蛀干病虫害的发生。

6.7.3 五角枫大树衰弱原因诊断

❶ 根腐病导致五角枫衰弱

死亡的五角枫叶片初期仍呈绿色，之后逐渐干枯，但叶片不落。树干表面没有虫害造成的孔洞，扒开树皮，韧皮部、木质部和形成层都没有腐烂变色（但有失水特征）。

❷ 土壤黏重导致五角枫衰弱

五角枫因多来自吉林和黑龙江的原始森林，那里土层肥厚，pH值呈酸性，引入京津冀地区后，土壤环境发生了天翻地覆的变化，土壤从黑土变为栗钙土，从酸性变为碱性。若遇地势低洼，土壤黏重，会造成根系呼吸受阻，腐烂死亡。

近年来，华北地区从东北引入了大量五角枫。在夏季，京津冀地区工程栽植的五角枫的个别大植会出现突然死亡的现象，死亡的五角枫叶片初期仍呈绿色，之后逐渐干枯，但叶片不落。

▶ 图6-77　部分大枝死亡的五角枫（丛日晨 摄）

树冠中的一些大枝上的叶片出现无规律死亡。

▶ 图6-78　死亡枝条的横截面（周江鸿 摄）

剪断死亡的枝条，发现断面呈褐色（下），这是轮枝菌导致的维管束堵塞的现象，由于维管束被堵塞，造成水分运输发生困难，进而导致叶片和枝条缺水死亡。

对上述现象研究发现，病株地下部的部分根发病，先从须根（吸收根）开始，病根变褐枯死，然后延及上部的根系，围绕须根基部形成一个红褐色的圆斑。接着，病斑进一步扩大并相互融合，深达木质部，致使整段根变黑死亡，然后便导致与这个根对应的大枝死亡，上述症状符合根腐病的特征，初步断定为根腐病。

但是，进一步研究发现，死亡大枝与黄栌枯萎病的特征很相似，有轮枝菌危害特征。但这种现象在原产地长白山没有发生，进一步证实华北地区较高的pH值可能是诱导根腐病和黄萎病发病的原因，应该引起行业的高度关注。

6.7.4　元宝枫大树复壮技术

东城区景山前街也即故宫北门东西方向，在20世纪80年代栽植了元宝枫，至2009年时，已有近20年的历史。每年夏秋季，这些元宝枫表现出不同程度的焦叶现象，还伴有生长量小、枝条枯死现象。经对其复壮后，效果得到了明显的改善。

◀ 图6-79　拟复壮的元宝枫的立地条件（巢阳 摄）

北京市东城区景山前街，在20世纪80年代栽植了元宝枫，这些元宝枫在每年的夏秋季，均表现出不同的焦叶现象，还伴有生长量小，枝条枯死现象。

❶ 树体及栽植环境概况

① 树种：元宝枫。

② 栽植时间：1960年。

③ 栽植位置：行道。

④ 树池规格：1.5m × 1.5m。

⑤ 树木胸径：20 ± cm。

⑥ 树木间距：5m。

⑦ 树木高度：12 ± m。

⑧ 土壤情况：见表6−6。

表6−6 土壤的化学性质

全氮(μg/g)	pH	全盐量(μS/cm)	速效磷(μg/g)	有机质(%)	氯离子(μg/g)	钾离子(μg/g)
973	8.45	869.0	284.04	1.96	1067.33	70.47

❷ 衰弱原因分析

2009年冬季，两侧使用大量融雪剂。树木生长情况，每年7月份开始，部分树木叶片黄化、掉叶。枝条细弱，生长量小。土壤化验报告表明：土壤总氮含量为中等偏低水平，全磷含量低于我国耕作土最低值，属稍缺氮、显著缺磷水平；有机质处于高肥力水平；pH 8.45，为北京土壤一般水平；全盐量和氯离子含量都显著高于正常土壤中的含量。结合现场分析与土壤化验结果，认为导致景山前街元宝枫衰弱的主要原因与融雪剂污染土壤有关。

❸ 复壮施工方案

- 换除树堰范围内表层0 ~ 30cm土壤，用园土回填。
- 单株与绿地联通。进行土壤改良，增施微生物菌肥和有机肥。
- 联通树池用铁篦子铺设。

复壮工程自2010年8月13日开始，至2010年8月30日竣工，历时22天，对景山前街东段南侧行道树进行了整体复壮。共复壮行道树64株。以下是施工操作过程（如图6−80 ~ 图6−87）。

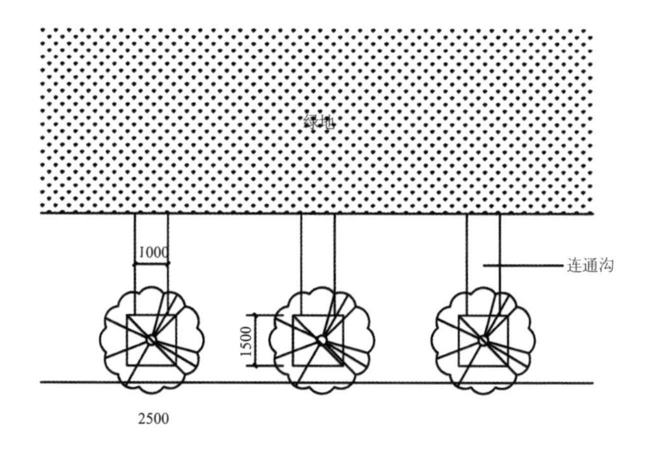

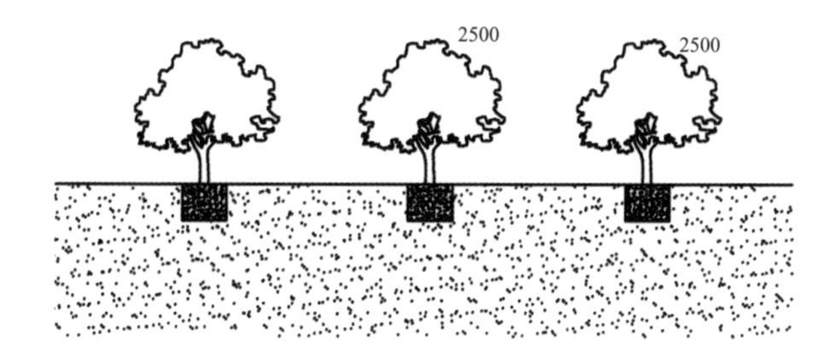

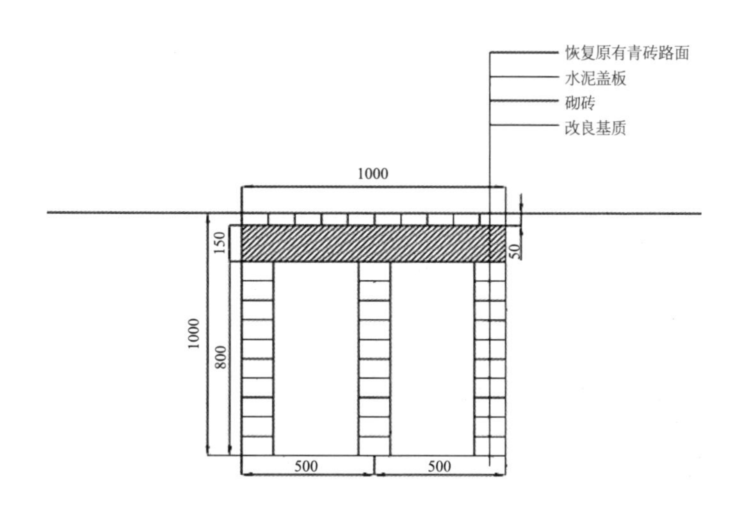

◀ 图6-80　复壮沟施工示意图

▶ 图6-81 立围挡（巢阳 摄）

▶ 图6-82 拆除原铺装及水泥垫层（巢阳 摄）

◀ 图6-83 挖复壮沟（巢阳 摄）

◀ 图6-84 填充改良基质（巢阳 摄）

▶ 图6-85　夯实基质防路面塌陷（巢阳 摄）

▶ 图6-86　上水泥盖板并水泥勾缝（巢阳 摄）

◀ 图6-87　垫砂、铺砖复原（巢阳 摄）

6.8 海棠类树木衰弱原因诊断及复壮

6.8.1　海棠概述

海棠在我国有着悠久的栽培历史，素有“国艳”之美称。海棠花开4月中下旬，主要有红、粉、白等花色，盛开时繁花密集，甚为壮观；果实颜色丰富，大小不一，有的观赏期长，有的赏食两用，深得游人喜爱，可在庭园、公园、机关院校、街头绿地、居住区等处栽培应用。

海棠（*Malus*）系蔷薇科苹果属一大类观赏树种，具有花果同赏的特性。北方常见应用种类有西府海棠（*Malus × micromalus*）、海棠花（*Malus spectabilis*）、八棱海棠（*Malus robusta*）和从欧美引进的观赏海棠新品种。

西府海棠（*Malus × micromalus*），别名小果海棠，是山荆子与海棠花之杂交种。树冠开张角度小，呈峭立状态；叶片长椭圆形，叶质较硬，表面有光泽；花期4月中下旬，花粉红色，单瓣，有时为半重瓣，花梗和花萼均具柔毛；果实熟时红色，径1～1.5cm，萼洼柄洼下陷。

海棠花（*Malus spectabilis*），又叫西府海棠、海棠。和西府海棠树形相似，树态紧凑峭立；叶缘具紧贴细锯齿；花蕾深粉红色，开放后淡粉或近白色；果实熟时黄色，径约2cm，萼洼柄洼不凹陷。

八棱海棠（*Malus robusta*），又名怀来海棠、海红。树冠开展，花期4月中下旬，花蕾粉色，初开淡粉，盛开时近于白色；果实亮红色，径约4cm，扁圆形，可食，具有明显的6～8条棱，故此得名。

观赏海棠，系近20余年欧美培育的新品种，品种较多，且观赏效果较佳，我国经引种驯化成功后，陆续在北京、河北、山东、沈阳等地得到推广应用。目前在北京广泛应用的品种有：

‘王族’海棠（*Malus* ‘Royalty’），常色叶，叶片紫红色，尤以新叶颜色深，花果均深紫色。

‘绚丽’海棠（*Malus* ‘Radiant’），新叶红色，花蕾深红，花色深粉，果实亮红色，先端突出（如图6–88）。

▶ 图6–88　北美海棠‘绚丽’（丛日晨 摄）

海棠在我国有着悠久的栽培历史，素有“国艳”之美称。海棠花开4月中下旬，主要有红、粉、白等色，盛开时繁花密集，甚为壮观；果实颜色丰富，大小不一，深得游人喜爱，可在庭园、公园、机关院校、街头绿地、居住区等处栽培应用。

‘红丽’海棠（*Malus* ‘Red Splender’），花粉红色，果实亮红色，萼洼凹陷。

‘草莓果冻’海棠（*Malus* ‘Strawberry Parfait’），花粉红色，果黄色带红晕，径1cm。

‘道格’海棠（*Malus* ‘Dolgo’），花蕾粉色，花白色，果亮红色，稍大，径约4cm，可食用。

‘宝石’海棠（*Malus* ‘Jewelberry’），花蕾粉色，花白色，果实亮红色，径1cm，远观如红宝石。

‘钻石’海棠（*Malus* ‘Sparkler’），新叶紫红色，花玫瑰红色，果深红色，径1cm。

上述海棠的共同特点是：喜光，不耐庇荫；耐寒性强，耐干旱，有一定耐盐碱能力，但不耐水湿；抗有害气体能力强。

6.8.2 海棠类大树衰弱原因诊断

海棠适应性强，是北方城市不可多得优秀园林植物。但是海棠与大多数苹果树植物一样，易发生腐烂病，导致连年枝或干皮死亡，使树体失去观赏价值，如何对海棠腐烂病进行正确诊断，是海棠养护管理中的重要问题。

❶ 病原菌

病原为苹果黑腐皮壳（*Valsa mali* Miyabe et Yamada），属子囊菌亚门，黑腐皮壳属真菌。病菌以菌丝体、子囊壳及分生孢子器在病株上越冬。病菌为弱寄生菌，主要借雨水传播，从寄主的伤口侵入。树势弱及老龄树比幼树发病率高。

❷ 发生规律

病菌侵入后，树体或局部组织衰弱时开始发病。3～4月为发病高峰，发病部位多集中在层遭受物理性损害的枝、干皮处，首先是皮逐渐变色，直至死亡。至7～9月，在烂皮处形成溃疡斑，病菌由此向外扩展。10月下旬至11月间，海棠树渐入休眠期，生活力减弱，病菌活动加强，病菌侵入周边健康组织，形成数个坏死点，并继续向纵深扩展为害。

❸ 发病条件

凡能引起树势衰弱的因素，如冻害、干旱、营养不足、结果过多以及树皮的物理性损害等，都能导致海棠腐烂病发生流行。在我国北方，一旦冬季异常寒冷，翌年海棠腐烂病就会发生严重，这可能与低温造成海棠树枝干的皮产生裂纹或伤口有关。

❹ 症状

染病的树皮初期呈红褐色，略微隆起，病斑组织松软，水渍状，流出黄褐色黏液；后病斑扩大，失水而干枯下陷，黑褐色，病斑上着生黑色子囊壳。

6.8.3 海棠衰弱大树复壮技术

对因腐烂病造成的衰弱进行有效防治是海棠复壮的主要内容。关于海棠的腐烂病的防治办法，果树生产行业与园林行业都在试用和探索各种办法，可谓众说纷纭，千花百样。其中最主要的方法是刮皮涂药法，北京园林科学研究院总结了一套防治方法，治愈效果可达98%。要点如下。

- 选择高效、品质好的杀菌剂，市场广为应用的杀菌剂如多菌灵或甲基托布津、波尔多液均可，但一定选择优质品牌。
- 治早。不要等病斑已经干枯塌陷后再进行刮除，应在病斑刚开始出现水泡状隆起或变色时，就进行刮除。
- 平刮老，下刮少。即刮病斑时一定要把病斑全部去除后，还要去除3～5mm活皮，同时切忌刮除皮下的形成层。
- 涂药后，加保湿层。涂药后，外涂机油进行保湿，以延长药液作用时间，增强药效。实践证明，在用药后，在外涂抹惰性的机油是十分关键的。

尽管刮皮涂药法在一定程度上控制了海棠腐烂病的蔓延，但是由于刮掉了病皮，导致木质部裸露，长出新皮的几率相当小，这样一是导致海棠观赏性降低，二是为腐烂病菌的继续侵染创造了条件。因此认为，刮皮涂药法是一种非不得以不为之的方法。

如何有效治愈海棠溃疡病？北京的一线技术人员采用了“竖向刮纹法”：用干净刀片纵向划病灶部位（深达木质部），划痕间距半厘米为宜，然后用甲硫酸酯均匀涂抹，随即用塑料薄膜缠缚，效果极为显著，用这种方法有效地治愈了合欢树、海棠树以及毛白杨等树的腐烂病。

对海棠腐烂病的预防是十分重要的。如在年周期管理中秋季增施磷、钾肥以及初冬灌足冻水等措施对防止海棠腐烂病的发生都是十分有效的。

◀ 图6-89（上） 竖向刮纹法（丛日晨 摄）

刮纹后，用促进愈合的物质涂抹是非常必要的。

◀ 图6-89（下左） 不正确的刮法（丛日晨 摄）

刮除病灶时，如果刮得太狠，刮掉了皮和干之间的形成层，是很难愈合的，留住形成层是关键。图中发白部位是木质部，此处不可能愈合。

◀ 图6-89（下右） 全株刮皮涂抹杀菌剂（丛日晨 摄）

对海棠腐烂病而言，最主要的方法是刮皮涂药法。该方法尽管有效，但由于刮掉了树皮，导致木质部裸露，长出新皮的几率相当小，这样一是导致海棠观赏性降低，二是为腐烂病菌的继续侵染创造了条件。刮皮涂药法是伤敌一千、自损八百的做法，最好的方法是“竖向刮纹法”。

6.9 毛白杨衰弱原因与诊断

6.9.1 毛白杨概述

毛白杨（*Populus tomentosa*）为杨柳科、杨属落叶大乔木，高达30m。树皮幼时暗灰色，壮时灰绿色，渐变为灰白色，老时基部黑灰色，纵裂，粗糙，干直或微弯，皮孔菱形散生，或2～4连生；生长快，树干通直挺拔，是造林绿化的树种，广泛应用于城乡绿化，闻名遐迩的首都机场杨林大道就是用毛白杨建植而成。

毛白杨分布广泛，在辽宁（南部）、河北、山东、山西、陕西、甘肃、河南、安徽、江苏、浙江等省均有分布，以黄河流域中、下游为中心分布区。

6.9.2 毛白杨衰弱原因诊断

毛白杨抗性较强，大树虽然也感染锈病及招致蛀干害虫等，但若不遇大旱年份，一般较轻，不宜导致树势衰弱。园林中最易发生的是破腹病以及随之发生的溃疡病，常造成树体衰弱或死亡。

❶ 毛白杨破腹病

因冻裂所致，树干西南面自基部向上开裂，木质部裸露，主要发生在树干基部和中部，纵裂长度不一，自数厘米至数米。发病原因是冬季或早春树干受日晒，昼夜温差过大，使树皮开裂。

❷ 毛白杨溃疡病

在破腹病发生后的第二年夏季发病。在冬春季，树干受冻和日灼伤害导致破裂，当至6月份伤口不能愈合时，在雨季细菌便感染伤口，自裂口流出红褐色液汁，以后在每年春夏季伤口会不断扩大，直至树体衰弱或死亡。

6.9.3 毛白杨复壮技术

防止毛白杨衰弱的关键是防止破腹病的发生，另外对破腹病发生后随之发生

◀图6-90 高大通直的毛白杨（王永格 摄）

毛白杨为杨柳科、杨属落叶大乔木，树干通直挺拔，是造林绿化的树种，广泛应用于城乡绿化。

的溃疡病的防治也十分关键。

❶ 防冻干、裂干

实践中，最常用的方法是在冬季寒流到来之前在树干上涂白，这种方法是十分奏效的。在特别寒冷地区，可在涂白后，再采取缠裹草绳的方式，效果会更好。

❷ 溃疡病的防治

对毛白杨溃疡病的防治措施与海棠腐烂病的防治措施基本相同，最佳方法就是“竖向刮纹法”。

但是，由于受传统方法的束缚，各地基本还是采用刮除腐烂部位的树皮、用杀菌膏剂涂抹的老作法。由于毛白杨的水分及合成物质的上下传导能力十分强大，伤口很难愈合，这种防治办法不十分理想，应以杜绝（如图6-91、图6-92）。

笔者还有一个成功进行毛白杨树干修复的案例。2008年8月1日，距奥运会开幕还有7天，在鸟巢西侧的娘娘庙附近，有一株树干破损严重的毛白杨，严重影响景观。因当时天气炎热，换树已经来不及了，应施工方要求，北京市园林科学研究院对其进行了修补（如图6-93～图6-97）。

▶ 图6-91　刮除烂皮（丛日晨 摄）

各地对毛白杨溃疡病还是采用乱除腐烂部位的树皮、用杀菌膏剂涂抹的老作法。因毛白杨的水分及合成物质的上下传导能力十分强大，伤口很难愈合，这种防治方法不十分理想，建议采用“竖向刮纹法”。

▶ 图6-92　涂抹杀菌膏剂（丛日晨 摄）

◀ 图6-93 清腐（赵运江 摄）

◀ 图6-94 做树干龙骨（赵运江 摄）

◀ 图6-95 注入杀虫剂（赵运江 摄）

◀ 图6-96 用发泡剂抹缝（赵运江 摄）

▶ 图6–97 安装玻璃钢假树皮（赵运江 摄）

6.10 柳树衰弱原因与诊断

6.10.1 柳树概述

杨柳科柳属植物的总称。全世界共有500多种，中国有250余种。园林上主要应用的有旱树、垂柳、绦柳等。柳树雌雄异株，对空气污染及尘埃的抵抗力强，适合于都市庭园中生长，尤其于水池或溪流边。

柳树属于广生态幅植物，有些种如垂柳遍及中国各地，欧洲、亚洲、美洲许多国家有分布。柳树对环境的适应性很广，喜光、喜湿、耐寒，是中生偏湿树种。但一些种也较耐旱和耐盐碱，在生态条件较恶劣的地方能够生长，在立地条件优越的平原沃野，生长更好。一般寿命为20～30年，少数种可达百年以上。一年中生长期较长，发芽早，落叶晚。

柳树枝条细长而低垂，褐绿色，无毛；冬芽线形，密着于枝条。叶互生，线状披针形，长7～15cm，宽6～12cm，两端尖削，边缘具有腺状小锯齿，表面浓绿色，背面为绿灰白色，两面均平滑无毛，具有托叶。花开于叶后，雄花序为葇荑花序，有短梗，略弯曲，长1～1.5cm。果实为蒴果，成熟后2瓣裂，内藏种子多枚，种子上具有一丛绵毛。每年的4～5月，中国北方城市的杨柳飞絮已经成为了较严重的环境问题，目前园林中上已经开始用药剂进行防治柳树飞絮，但是应用雄株将是最终解决柳树飞絮的途径。

◀ 图6-98　美丽的柳树（王永格 摄）

柳树属于广生态幅植物，有些种如垂柳遍及中国各地，欧洲、亚洲、美洲许多国家有分布。柳树对环境的适应性很广，喜光、喜湿、耐寒，是中生偏湿树种。但有一些种也较耐旱和耐盐碱，在生态条件较恶劣的地方能够生长，在立地条件优越的平原沃野，生长更好。

6.10.2　柳树衰弱原因诊断

柳树的常见叶病害有柳锈病、叶干腐朽等；枝干病害有腐烂病和溃疡病；叶害虫有柳毒蛾、柳金花虫等；蛀干害虫主要是天牛。食叶性害虫若防治及时，往往不会造成树势衰弱，但腐烂病、天牛危害往往会导致树势衰弱。

❶ 柳树腐烂病

柳树腐烂病也叫杨柳树烂皮病，国内外都有发生，是柳树重要的枝干病害。发病初期病部呈暗褐色水渍状斑，略微肿胀，病部组织腐烂变软，用手压有水渗出，以后病部失水变干树皮下陷。以后病斑上长出许多针状小突起，潮湿或雨后自针状突起中挤出橘红色胶质丝状物，最后导致树皮破损残缺、枯枝、焦梢、干枯、空杆等病状，大风、雨、雪等天气容易造成树枝坠落。

❷ 柳树的蛀干害虫

主要有光肩星天牛、桑天牛等，其中光肩星天牛危害最为严重。光肩星天牛属鞘翅目、天牛科，雌成虫体长约22～35mm，雄成虫体长20～29mm，体黑色有光泽，本地一般1年1代，5月初见成虫，7～8月为产卵盛期，卵经过半月左右孵化幼虫，开始啃食树干。

▶ 图6-99　受光肩星天牛伤害的柳树（丛日晨 摄）

图中左侧叶片绿者是未经受害的树木，而图中右侧两株是被蛀干害虫伤害的树木。

◀ 图6-100 光肩星天牛蛀孔（丛日晨 摄）

柳树的蛀干害虫主要有光肩星天牛、桑天牛等，其中光肩星天牛危害最为严重。

6.10.3 柳树复壮技术

❶ 柳树腐烂病的防治

柳树腐烂病是一种毁灭性病害，如果防治不及时常造成枯枝、死枝，甚至全株死亡。多年来采用刮治病斑后涂抹腐烂敌和石硫合剂的方法，都不够理想。

❷ 蛀干害虫防治办法

防治方法是在幼虫期用毒签或有机磷农药通过注射器注入蛀孔再用湿泥封住；在成虫羽化期（7～8月）用菊酯类杀虫剂喷施树干杀灭成虫，也可用天敌花绒寄甲进行防治。

在烂皮并及蛀害虫的共同作用下，20年龄以上的柳树树干极易发生树干中空现象，这是因为蛀干害虫钻入树干后，食树干，雨水随后侵入，木腐菌便开始腐蚀树干，久而久之，便造成大量心材死亡。大植或树干中空的柳树极易在雨雪天气折断，存在巨大的隐患，在园林中往往通过回缩树冠和加固破损处的方法来消除安全隐患。如图6-101～图6-105。

▶图6-101　清腐（赵运江 摄）

大植或树干中空的柳树极易在雨雪天气折断，存在巨大的隐患。在园林中往往通过回缩树冠和加固破损处的方法来消除安全隐患。

◀ 图6-102　被清除的腐烂物（赵运江 摄）

◀ 图6-103　做树干龙骨（赵运江 摄）

▶ 图6-104　涂抹玻璃钢（赵运江 摄）

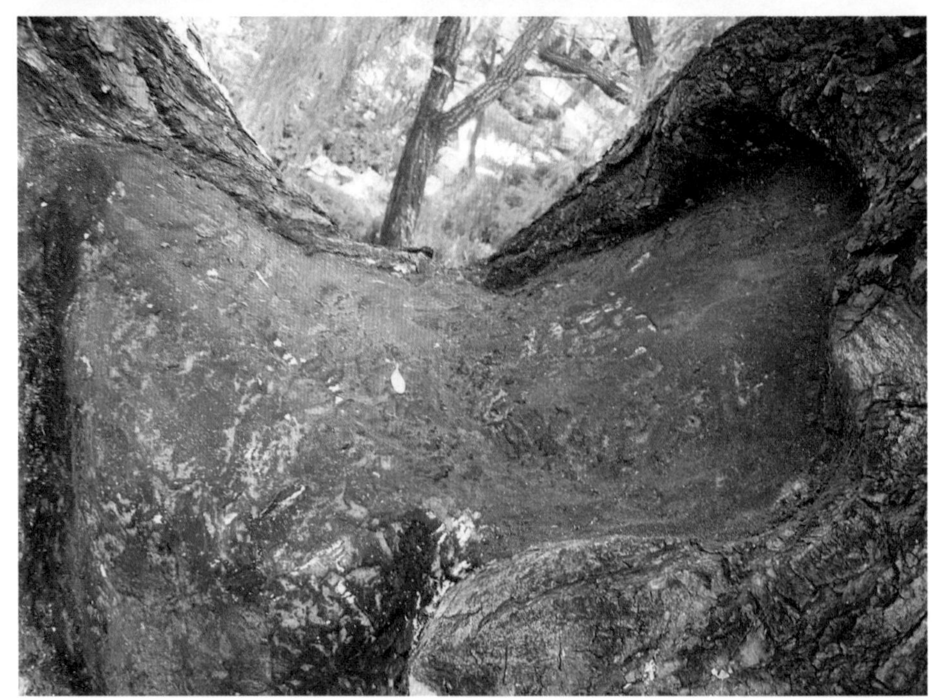

▶ 图6-105　做仿真（赵运江 摄）

另外，近年来，在一些艺术家的参与下，树体修复这个似乎只属于园林工人的领域，突然变得让人耳目一新，一些新的做法颇耐人寻味。

图6-106是前几年用发泡剂和玻璃钢修堵的一株古柳树，从中可以看出，古柳的树体被很好的保护起来了，但是，随着时间的推移，被封堵部位的边缝处发生了开裂（图6-107），这样一是可能发生雨水沿缝隙侵入，造成树干进一步腐烂，二是有碍观瞻。

一种全新的修补方法如图6-108～图6-111。第一步是刮除掉填充的发泡剂和腐烂的心材，随后进行杀虫、杀菌；第二步是设计干的构图，根据构图绑缚龙骨，并用铁丝网做出干的形状；第三步是用水泥加胶做成的泥做仿真树干；第四步是进行色彩处理。

▶ 图6-106　用发泡剂和玻璃钢封堵的古柳树（刘加俊 摄）

用发泡剂和玻璃钢封堵树洞的做法曾经风靡一时，但是，由于近年来发现，填充发泡剂会造成树体进一步腐烂，所以在2016年颁布的中华人民共和国国家标准《古树名木养护和复壮工程技术规范》中，基本上废除了使用发泡剂封堵的做法。

▶ 图6-107　边缝处发生了开裂（刘加俊 摄）

活组织与死组织之间易产生裂缝，裂缝往往意味着整个修补工作的失败，这是当前仍未解决的问题。

▶ 图6-108　刮除发泡剂（刘加俊 摄）

已经被行业证明，发泡剂修堵树洞会继续造成树干腐烂是个不争的事实。

▶ 图6-109　做龙骨（刘加俊制作并摄）

只做龙骨，不进行填充，而且内设了通气孔，保证既不进雨水，又通气顺畅。

▶ 图6-110 做仿真树干（刘加俊制作并摄）

水泥加入了胶后，更适合做雕塑，给了艺术家很多遐想。

▶ 图6-111 最终效果（刘加俊制作并摄）

惟妙惟肖的效果，做到了修旧如旧，尤其是仿枯桩部位是点睛之笔。但是由于水泥加入胶后形成的材料凝固后仍然是硬质的，若树体晃动，仍然会造成开裂，看来，如何保证边缝不开裂仍然是一个值得探索的问题。

参考文献

北京园林科学研究所. 2011. 公园古树名木［M］. 北京：建筑工业出版社.

陈有民. 1990. 园林树木学［M］. 北京：中国林业出版社.

方中达. 1998. 植病研究方法［M］. 北京：中国农业出版社.

冯国铭. 2000. 怎样识别土壤肥瘦［J］. 农村科学实验.

郭尚. 2007. 植物病理学概要［M］. 北京：中国农业科学技术出版社.

胡宝忠，张友民等. 2011. 植物学［M］. 北京：中国农业出版社.

黄昌勇. 2000. 土壤学［M］. 北京：中国农业出版社.

李庆卫. 2010. 园林树木整形修剪学［M］. 北京：中国林业出版社.

李长宝，太史怀远. 2010. 土壤基础理论学［M］. 北京：中国林业出版社.

林大仪，谢英荷. 2011. 土壤学（第2版）［M］. 北京：中国林业出版社.

骆虹，罗立斌，张晶. 2004. 融雪剂对环境的污染及对策［J］. 中国环境监测，20(1)：55-57.

沈国舫. 2001. 森林培育学［M］. 北京：中国林业出版社.

武维华. 2003. 植物生理学［M］. 北京：科学出版社.

谢联辉. 2006. 普通植物病理学［M］. 北京：科学出版社.

熊顺贵. 2005. 基础土壤学［M］. 北京：中国农业大学出版社.

徐秀华. 2007. 土壤肥料［M］. 北京：中国农业大学出版社.

徐雨晴，陆佩玲，于强. 2004. 气候变化对植物物候影响的研究进展［J］. 资源科学，26（1）：129-136.

许志刚. 2009. 普通植物病理学［M］. 北京：高等教育出版社.

张建国，金斌斌. 2010. 土壤与农作［M］. 郑州：黄河水利出版社.

中华人民共和国林业行业标准. 森林土壤全氮的测定（LY/T1228-1999）.

中华人民共和国林业行业标准. 森林土壤有机质的测定及碳氮比的计算（LY/T1237-1999）.

朱天辉. 2003. 园林植物病理学［M］. 北京：中国农业出版社.

附表　北方主要园林树种的习性、栽培管理注意事项、典型问题及其解决办法

树种	习性	栽培管理中注意事项	典型问题及其解决办法
油松	1. 阳性树种，耐寒性强； 2. 喜中性或微酸性土壤，不耐盐碱，但在北京pH值8.5左右的土壤条件下生长基本正常； 3. 对土壤养分要求不高，能耐干旱瘠薄土壤，质地疏松的砂质壤土上生长良好； 4. 怕积水和黏重土壤； 5. 是中国特有树种，分布于东北南部、华北、西北和西南地区。	尽量不使用山苗，山苗成活率低；油松根系对土壤通气性要求高，栽植时不能埋干；不能栽植在易发生积水的地方；不能栽植在高楼的北侧或被其他建筑物或高树遮挡阳光的地方；注意监控松吉丁虫；怕热，尽量不用做行道树或栽植于铺装广场；不能栽植于用建筑挖槽土堆起的地形上。	**典型问题：** 栽植于道路上用作行道树的油松，常在春、夏针叶发生焦枯。 **解决办法：** 上述问题与树堰太小营养面积小或与遭受融雪剂污染有关。应采取加大树堰或采取防止融雪剂污染土壤的做法。
白皮松	1. 阳性树，亦能耐半阴； 2. 自然生长于凉爽、干燥的地区，对高温、高湿条件不能适应； 3. 深根性，但能在浅土层上生长； 4. 要求土壤肥沃而排水良好； 5. 不耐土壤密实； 6. 不耐积水； 7. 分布于山西、河南、陕西、甘肃、四川及湖北等地。	白皮松根系对土壤通气性要求高，栽植时不能埋干；不能栽植在易发生积水的地方；白皮松怕热，尽量不用作行道树；当栽植于草坪中时，不能用草坪封死树堰，应开堰露土。	**典型问题：** 栽植于草坪中的白皮松，常发生针叶焦枯现象。 **解决办法：** 上述现象多与水大和草坪导致的根系通气不良有关。应采取控水或去除树冠垂直投影范围内的草坪的办法加以解决。
侧柏	1. 适应性强，对土壤要求不严，在酸性、中性、石灰性和轻盐碱土壤中均可生长； 2. 耐干旱瘠薄； 3. 萌芽能力强，抗有害气体； 4. 生长慢，病虫害少，寿命长； 5. 分布于内蒙古南部、吉林、辽宁、河北、山西、山东、江苏、浙江、福建、安徽、江西、河南、陕西、甘肃、四川、云南、贵州、湖北、湖南、广东北部及广西北部等地区。	在应用时，不宜栽植在黏重或低洼积水地。该树种生命力强健，在寺庙或皇家园林中有大量古树。但是，因该树种在北方的冬季，鳞叶呈土灰色，目前除了被当做绿篱或“四旁”树之外，在公园绿地、居住区绿地已很少应用。	**典型问题：** 该树种最易招致双条杉天牛，特别是树势衰弱时，极易导致爆发式发生，可导致树干严重受损，甚至造成树体死亡。 **解决办法：** 采用闷杀法灭杀已侵入树干中的双条杉天牛。具体做法是：对有虫孔部位用塑料薄膜缠裹，注入熏杀性农药，48小时后去除塑料薄膜，用药泥封堵虫孔。

（续）

树种	习性	栽培管理中注意事项	典型问题及其解决办法
桧柏	1. 阳性树，较耐阴； 2. 喜温凉、温暖气候及湿润土壤。耐干旱，忌积水； 3. 耐寒、耐热，对土壤要求不严，能生于酸性、中性及石灰质土壤上； 4. 产于内蒙古乌拉山、河北、山西、山东、江苏、浙江、福建、安徽、江西、河南、陕西南部、甘肃南部、四川、湖北西部、湖南、贵州、广东、广西北部及云南等地。	该树种生命力强健，在寺庙或皇家园林中有大量古树，又因其冬季针刺状叶绿色尚可，目前在园林中广泛应用，北方常见应用的品种有北京桧柏、蜀桧、西安桧。北京桧和蜀桧冠形细高，适宜于在大楼前栽植。西安桧树冠基部宽大，全株呈金字塔形，高大雄伟，能一直保持圆柱形，且叶色嫩绿，绿化效果好，但是耐寒性差，最北线为北京；北京桧抗寒性特强，可栽植于内蒙古和辽宁南部地区。	**典型问题：** 主要是双条杉天牛对树干造成伤害。 **解决办法：** 采用闷杀法灭杀已侵入树干中的双条杉天牛。
雪松	1. 喜光，耐干旱瘠薄能力较强； 2. 不耐水湿，以深厚肥沃、排水良好处生长较佳。不耐盐碱； 3. 耐寒性较强，为北京地区边缘树种； 4. 不耐土壤密实，喜疏松通透土壤； 5. 分布于喜马拉雅山南麓阿富汗至印度一侧。北京、旅顺、大连、青岛、徐州、上海、南京、杭州、南平、庐山、武汉、长沙、昆明等地已广泛栽培作庭园树，在中国长江中下游的武汉、南京等城市生长最好。	雪松在北京是边缘树种，虽然大量引入北京已超过50年的时间，但是近年来发生的因枯枝病导致雪松树形残缺或大量死亡的现象为北京带来了极大的损失，已经引起了行业的高度关注。	**典型问题：** 因冻害或遭受雪松长足大蚜伤害后导致枯枝病发生。 **解决办法：** 新植1～2年冬季搭风障防寒，并在春、夏、秋三季随时查检是否有雪松长足大蚜发生，若有应立即用杀虫剂进行坚决控制。
华山松	1. 阳性树，但幼苗略喜一定庇荫； 2. 喜温和凉爽、湿润气候； 3. 耐寒力强，甚至可耐-30℃的绝对低温； 4. 不耐炎热，在高温季节长的地方生长不良； 5. 喜排水良好，能适应多种土壤，最宜深厚、湿润、疏松的中性或微酸性壤土；	若栽植于风口处或冬季干燥无雪，冬春松针季易发生枯黄；栽培中应注意监控华山松大小蠹。受害树株在侵入孔处溢出树脂，排出的木屑和粪便堆砌呈漏斗状，严重时受害1～3年后，树冠渐变枯黄至死亡。	**典型问题：** 冬春松针发生枯黄。 **解决办法：** 避免栽植于风口处。

（续）

树种	习性	栽培管理中注意事项	典型问题及其解决办法
华山松	6. 不耐盐碱土，耐瘠薄能力不如油松、白皮松； 7. 集中产于陕西的华山。山西、河南、陕西、甘肃、四川、湖北、贵州、云南、江西、浙江等地也有栽培。		
红皮云杉	1. 较耐阴，喜空气湿度大、土壤肥厚而排水良好的环境； 2. 耐寒，耐干旱； 3. 浅根性，侧根发达，生长比较快； 4. 分布于中国东北大、小兴安岭及吉林山区，朝鲜也有分布。	忌栽植于积水处；在夏季炎热干燥的地区生长不良。该树种因不适应干热气候，在京津冀地区应谨慎应用。	**典型问题：** 叶锈病一般6月下旬在红皮云杉当年生嫩叶上出现淡黄色的一段一段的斑，随着病情发展病斑变为褐色，进而出现针叶焦枯。 **解决办法：** 用20%的粉锈宁2倍说明书的浓度，每隔7天喷一次，连续2～3次。
青杄	1. 耐阴，喜温凉气候及湿润、深厚而排水良好的酸性土壤，适应性较强； 2. 青杄为中国特有树种，产于内蒙古、河北、山西、陕西南部、湖北西部、甘肃中部、青海、四川。	忌在盐碱地、涝洼塘、黄土岗、大风口和沙石地栽培；青杄在京津冀有零星栽培，但是因炎热干燥所致，生长多不理想，表现为生长缓慢、针叶焦枯，栽植七八年以后，树形残缺不全，因此建议在炎热、干燥的地区谨慎应用。	**典型问题：** 夏季炎热地区会生长不良，表现为生长停止，局部枝条枯死。 **解决办法：** 炎热、干燥的城市尽量不栽植青杄。
白杄	1. 耐阴，喜欢凉爽湿润的气候和肥沃深厚、排水良好的微酸性砂质土壤； 2. 耐寒； 3. 分布在山西、内蒙古、河北等省区。	与青杄一样，因炎热干燥所致，京津冀地区的白杄生长多不理想，表现为生长缓慢、针叶焦枯，栽植七八年以后，树形残缺不全，因此建议在炎热、干燥的地区谨慎应用。	**典型问题：** 夏季炎热地区会发生生长不良现象，表现为生长停止，局部枝条枯死。 **解决办法：** 北京（包括北京）以南北方城市尽量不要栽植白杄。

（续）

树种	习性	栽培管理中注意事项	典型问题及其解决办法
龙柏	1. 喜阳，稍耐阴。喜温暖、湿润环境； 2. 抗干旱，较抗寒。忌积水，排水不良时易产生落叶或生长不良。适生于干燥、肥沃、深厚的土壤，对土壤酸碱度适应性强，较耐盐碱； 3. 主要产于长江流域、淮河流域，山东、河南、河北等地也有龙柏的栽培。	龙柏枝型奇特，针叶碧绿，观赏价值高。但是龙柏最适宜栽植在温暖湿润的地区，在北京同纬度城市，龙柏偶尔会在冬季出现鳞叶黄枯现象，而在黄河以南至长江以北城市龙柏表现优良。	**典型问题：** 冬季北京地区出现抽梢现象。 **解决办法：** 应栽植于背风向阳处，或于栽植当年冬季设置风障进行防寒。
北美乔松	1. 喜阳光充足的环境，稍耐阴，耐寒性强； 2. 耐干旱能力较好，对土壤要求不严格，但以疏松肥沃、排水良好的微酸性砂质土壤为佳。适合土层深厚，土质松软，排水良好的砂质土上造林，黏重低洼及石灰质土上生长不良； 3. 原产北美地区。我国辽宁、北京、南京等地有引种栽培。	乔松初期生长缓慢，15龄以后才能进入迅速生长。在黏重低洼及石灰质土上生长不良。	**典型问题：** 栽植于低洼黏重土壤环境后，出现低位轮枝枯黄现象。 **解决办法：** 落土或抬高栽植位置。
女贞	1. 喜光，耐阴，较耐寒； 2. 喜温暖湿润气候，为深根性树种，须根发达，生长快，萌芽力强，耐修剪，但不耐瘠薄； 3. 耐水湿，对土壤要求不严，以砂质壤土或黏质壤土栽培为宜； 4. 产长江以南至华南、西南各省区。黄河中下游流域城市也有应用。	喜温暖气候，在北京背风向阳处能露地越冬，但在风口处或冬季温度过低时，叶片会全部枯死，翌年春季重新萌发；北京同纬度城市是女贞的最北线，切忌大量使用，石家庄以南城市可放心使用。	**典型问题：** 冬春叶片枯黄。 **解决办法：** 冬季设置风障进行防寒。
广玉兰	1. 喜光，幼时稍耐阴； 2. 喜温湿气候，有一定抗寒能力； 3. 适生于干燥、肥沃、湿润与排水良好微酸性或中性土壤，忌积水、排水不良； 4. 原产于美国东南部，分布在北美洲以及我国长江流域及以南，北方如北京有零星栽培。	喜温暖气候，在北京背风向阳处能露地越冬，但在风口处或冬季气温过低时，叶片和当年生枝条会全部枯死；北京同纬度城市是广玉兰的最北线，其抗性不如女贞，切忌大量使用，驻马店以南城市可放心使用。	**典型问题：** 冬春叶片枯黄。 **解决办法：** 冬季设置风障进行防寒。

（续）

树种	习性	栽培管理中注意事项	典型问题及其解决办法
早园竹	1. 喜温暖湿润气候。耐旱力、抗寒性强，能耐短期-20℃低温； 2. 适应性强，轻碱地，砂土及低洼地均能生长； 3. 产河南、江苏、安徽、浙江、贵州、广西、湖北等省区。	最近几年，北京地区的早园竹等竹种出现了集中开花的现象，花后大部分杆叶枯黄，成片死去，造成了观赏效果严重下降，引起了行业的关注。上述现象是一些竹中的自然现象，研究表明，不论哪一年长出的竹竿，只要竹鞭的年龄相同或相近，那么开花的时间就大体相同。	**典型问题：** 经冬后，部分叶片干枯。 **解决办法：** 应尽量选择背风向阳处种植，不宜在空旷地或风口处种植；创造湿润环境，防止过于干旱。
银杏	1. 阳性树，不耐积水，较耐干旱； 2. 喜适当湿润而又排水良好的深厚砂质壤土；在酸性土、石灰性土中均生长良好，而以中性或微酸性土最适宜； 3. 不耐地表强烈辐射； 4. 银杏为中生代孑遗的稀有树种，系中国特产，仅浙江天目山有野生状态的树木。	焦叶问题多见于做行道树的银杏。自6月份开始，种植于行道树上的银杏部分会陆续发生叶片焦枯现象，而种植于道旁绿地或公园中绿地中的银杏树焦叶现象会少得多，这与道路上营养面积小、地面辐射热大、干旱等因素有关，因此应尽量谨慎选择用银杏做行道树或铺装广场的遮阴树。	**典型问题：** 叶片黄化、焦枯。 **解决办法：** 扩大营养面积，尽量不用银杏做行道树或铺装广场的遮阴树。
水杉	1. 喜光，喜气候温暖湿润，夏季凉爽、冬季有雪而不严寒的地区； 2. 喜酸性pH值土壤，但在北京pH为8.5土壤条件下，生长尚可； 3. 耐水湿能力强，不耐贫瘠和干旱，根系发达，但在长期积水排水不良的地方生长缓慢； 4. 分布于湖北、重庆、湖南，北京以南各地均有栽培。	水杉怕寒冷、干燥，尤忌干燥冷风，会导致抽梢，北京以北地区不能栽培；水杉喜水，但若栽植于土壤黏重且长时间积水地区也会造成水杉生长不良。	**典型问题：** 冬季北京地区出现抽梢现象。 **解决办法：** 避免栽植于风口处，应栽植于背风向阳处，或于栽植当年冬季设置风障进行防寒。

（续）

树种	习性	栽培管理中注意事项	典型问题及其解决办法
国槐	1. 喜阳光，稍耐阴； 2. 不耐阴湿而抗旱，在低洼积水处生长不良； 3. 对土壤要求不严，较耐瘠薄，石灰及轻度盐碱地上也能正常生长； 4. 在湿润、肥沃、深厚、排水良好的砂质土壤上生长最佳； 5. 能适应城市道路环境； 6. 除了黑龙江、吉林省、广东、广西外，我国其余各省都有分布。	国槐适应强，是最适应城市环境的树种，很少发生这样或那样的问题，但国槐怕积水，忌栽植于低洼或土壤黏重处。	**典型问题：** 受国槐叶柄小蛾危害导致导致整个复叶下垂，萎蔫后干枯，然后脱落，严重时树冠出现光秃现象。 **解决办法：** 冬季修剪时减掉槐豆荚，害虫为害期用菊酯类杀虫剂灭杀，也可用黑光灯诱杀。
白蜡	1. 喜光； 2. 喜深厚较肥沃湿润的土壤； 3. 能适应城市道路环境，较耐轻盐碱性土； 4. 除了黑龙江和吉林省北部外，我国其余各省都有分布。	喜光、耐寒、耐水湿也耐干旱，对土壤要求严格，对城市环境适应性强，白蜡是北方城市常用的行道树之一，常用品种为洋白蜡和绒毛白蜡，以绒毛白蜡为主。栽培中应特别注意对白蜡窄吉丁的防治。	**典型问题：** 树干布满虫孔，树势衰弱。 **解决办法：** 白蜡吉丁的幼虫主要在树木的韧皮部和木质部浅层蛀食，破坏树木的输导组织，影响树木对养分和水分的吸收利用，严重时可致树木死亡，因其隐蔽性强，防治极为困难，可用高效的内吸性药液采用插瓶法进行防治。
悬铃木	1. 喜光。喜湿润温暖气候，较耐寒； 2. 适生于微酸性或中性、排水良好的土壤，微碱性土壤虽能生长，但易发生黄化； 3. 树干高大，枝叶茂盛，生长迅速，易成活，耐修剪，广泛栽植作行道绿化树种； 4. 原产东南欧、印度及美洲。	悬铃木属分三种，分别为一球悬铃木、二球悬铃木和三球悬铃木，分别是美国梧桐、英国梧桐和法国梧桐。悬铃木是世界著名的优良庭荫树和行道树，生长迅速，繁殖容易，叶大荫浓，树姿优美。在北方地区栽植悬铃木应注意以下两点问题：一是注意“西晒”问题，在北京，西侧的树皮常发生日灼现象；二是应注意秋季水分管理，如夏秋雨多，在冬春季会发生树干开裂现象。	**典型问题：** 在夏秋多雨，冬季寒冷干旱地区，易发生树干开裂，有时深达木质部。 **解决办法：** 用草绳缠绕树干。

（续）

树种	习性	栽培管理中注意事项	典型问题及其解决办法
榆树	1. 阳性树种，喜光，耐旱，耐寒，耐瘠薄，不择土壤，适应性很强； 2. 根系发达，抗风力、保土力强。萌芽力强耐修剪，生长快，寿命长； 3. 能耐干冷气候及中度盐碱，是良好的丘陵及荒山、砂地及滨海盐碱地的造林或“四旁”绿化树种； 4. 分布于我国东北、华北、西北及西南地区。	榆树喜光，只有在阳光充足处才能生长良好健壮。如光照不足，其生长缓慢。榆树易招致食叶性虫害，应做好防治工作。在黑龙江以及新疆北部城市，榆树易在寒冷的冬季被冻破树皮，翌年春季有大量伤流流出。	**典型问题：** 食叶害虫榆毒蛾为害叶片，严重时可吃光所有叶片。 **解决办法：** 可用黑光灯诱杀、化学杀虫剂灭杀以及释放赤眼蜂进行防治。
榔榆	1. 生于平原、丘陵、山坡及谷地； 2. 喜光，耐干旱，在酸性、中性及碱性土上均能生长，但以气候温暖，土壤肥沃、排水良好的中性土壤为最适宜的生境； 3. 分布于河北、山东、江苏、安徽、浙江、福建、台湾、江西、广东、广西、湖南、湖北、贵州、四川、陕西、河南、苏州等地。	榔榆适宜我国华南地区、华中地区，北京以北城市应谨慎使用。另外，榔榆虫害较多，应做好防治工作。	**典型问题：** 常见的榆叶金花虫、介壳虫、天牛、刺蛾和蓑蛾等。 **解决办法：** 应用化学杀虫剂灭杀。
五角枫	1. 稍耐阴，深根性； 2. 喜湿润肥沃土壤，在酸性、中性、石炭岩上均可生长； 3. 分布于东北、华北和长江流域各省。俄罗斯西伯利亚东部、蒙古、朝鲜和日本也有分布。	最近10年的经验表明，从东北引入京津冀的五角枫生长出现了严重问题，主要表现为在生长季部分侧枝突然萎蔫，然后黄化至焦枯，直至整个侧枝死亡，经鉴定，这与五角枫感染了枯萎病有关。导致枯萎病的病菌是大丽轮枝菌，该菌是一种弱寄生菌，在碱性和黏重的土壤环境活性增强，侵入根系，分泌物堵塞导管，使植物因缺水发生死亡。因此，今后应谨慎使用五角枫。	**典型问题：** 侧枝突然萎蔫，然后黄化至焦枯，直至整个侧枝死亡。 **解决办法：** 浅栽，并增施草炭降低土壤pH，也可灌施多菌灵缓解症状。

（续）

树种	习性	栽培管理中注意事项	典型问题及其解决办法
元宝枫	1. 耐阴，喜温凉湿润气候，耐寒性强，但过于寒冷和炎热都不利于其生长； 2. 对土壤要求不严，在酸性土、中性土及石灰性土中均能生长，但以湿润、肥沃、土层深厚的土中生长最好； 3. 广布于我国东北、华北、华东、西南地区；	元宝枫在冬季修剪后，会出现伤口部位开裂的现象，致使修剪部位永远不能愈合，这个现象在冬季干旱的地区表现特别严重，因此实践中建议一是尽量避免造成大面积伤口，二是修剪时期选在萌芽后为宜，这时修剪可加速愈合并减少伤流。	**典型问题：** 天牛危害树干、叶柄、嫩皮。 **解决办法：** 可采用闷杀法杀死幼虫。
千头椿	1. 喜光、耐寒、耐旱、耐瘠薄、也耐轻度盐碱，适应性强； 2. 春天发育快生长量大，入夏至秋生长速度减慢，第二年从枝梢部萌发多个小枝，循而复往整个树冠形成一伞状； 3. 千头椿是臭椿的变种，河南、山东、华北各省市都有种植。	千头椿耐干旱，不耐水湿，长期积水会导致烂根。千头椿主要的害虫有：樗蚕蛾、斑衣蜡蝉、白星滑花金龟、金绿宽盾蝽、金绿真蝽、日本履绵蚧、白蜡绵粉蚧、蔷薇白轮盾蚧、朱砂叶螨、缀叶丛螟、枣奕刺蛾、木橑尺蠖、旋皮夜蛾等。栽培中应特别注意病虫害的防治。	**典型问题：** 斑衣蜡蝉危害树皮。 **解决办法：** 用高效的内吸性药液采用插瓶法进行防治。
旱柳（柳树、立柳）	1. 喜光，喜湿，耐寒，是中生偏湿树种； 2. 也较耐旱和耐盐碱，在生态条件较恶劣的地方能够生长，在立地条件优越的平原沃野，生长更好； 3. 柳树属于广生态幅植物，对环境的适应性很广，遍及中国各地，是广布种。	旱柳的别称又叫立柳、柳树，实践中人们习惯叫柳树。绦柳则是旱柳的变种，表现为小枝下垂，但垂枝没有垂柳的枝的那样长。近年来，杨柳树飞絮问题在一些城市中饱受诟病，2015年全国绿委1号文发出了在全国治理杨柳飞絮的通知，北京市也做出了从2016年开始不允许飞絮的雌株杨柳进京的决定，在实践中，应自动养成使用雄株柳树的意识。	**典型问题：** 病害主要有腐烂病和溃疡病。 **解决办法：** 加强管理，增强树势，提高自身的抗病能力。发病较轻时，可在枝干病斑涂抹甲基托布津或甲硫耐乙酸脂；对于发病较重的植株要及时拔除，使其与无病株隔离，防止其蔓延。

（续）

树种	习性	栽培管理中注意事项	典型问题及其解决办法
金丝垂柳	1. 喜光，较耐寒，性喜水湿，也能耐干旱，耐盐碱，以湿润、排水良好的土壤为宜； 2. 喜温暖湿润气候及潮湿深厚的酸性及中性土壤。较耐寒，特耐水湿，但亦能生于土层深厚的干燥地区，最好以肥沃土壤最佳； 3. 分布于中国沈阳以南大部分地区，是优良的园林观赏树种。	金丝垂柳为柳树中的不飞絮树种，枝条细长下垂，小枝黄色或金黄色，经冬后，小枝更黄，是不可多得的柳树良种。	**典型问题：** 病害主要有腐烂病和溃疡病。 **解决办法：** 防治方法同旱柳。
玉兰（白玉兰）	1. 喜光，幼树较耐阴，不耐强光和西晒； 2. 玉兰较耐寒，能耐–2℃的短暂低温，但是寒冷、干燥、冬季阳光光线强会给玉兰及同属的紫玉兰、二乔玉兰等带来严重的问题； 3. 玉兰喜肥沃、湿润、排水良好的微酸性土壤，但也能在轻度盐碱土中正常生长； 4. 产河南、江西、浙江、湖南、贵州等地。	实践中，人们易混淆不同的玉兰品种。基本的区别要点是：玉兰（白玉兰）开花是白色，落叶乔木，是北方玉兰中春天开花最早的品种，先开花后长叶；紫玉兰花从外到内都是紫色或淡紫色；二乔玉兰为玉兰和木兰的杂交种，形态介于二者之间。花外面淡紫色，里面白色。	**典型问题：** 西北部方向的树皮发生日灼。 **解决办法：** 树体可进行涂白处理或用草绳缠裹。
西府海棠（海棠花）	1. 喜光，耐寒，忌水涝，忌空气过湿，较耐干旱； 2. 产辽宁、河北、山西、山东、陕西、甘肃、云南。	栽培中最重要的工作就是预防腐烂病的发生，需要注意的问题是：不能栽植于低洼积水处或土壤黏重之地；也不能栽植于风口、背阴易发生冻害的地方；结果过多时，应采取疏果措施，防止结果过多造成树势衰弱。	**典型问题：** 腐烂病，又称烂皮病，是多种海棠的重要病害之一，危害树干及枝梢。发病初期，树干上出现水渍状病斑，以后病部皮层腐烂，干缩下陷。后期长出许多黑色针状小突起，即分生孢子器，随着病情加重，病灶处枝干死亡。 **解决办法：** 清除病树，烧掉病枝，减少病菌来源。早春喷射石硫合剂或在树干刷涂石灰剂。初发病时可在病斑上割成纵横相间约2～4mm的刀痕，深达木质部，然后涂抹甲硫耐乙酸脂。

（续）

树种	习性	栽培管理中注意事项	典型问题及其解决办法
八棱海棠	1. 八棱海棠树体强健，抗寒、抗旱、抗盐碱、抗病虫、耐瘠薄、寿命长； 2. 适应性广，无论平地、山坡、丘陵、砂荒都能生长； 3. 分布北京、唐山、陕西、山东、江西等地。	河北省怀来县栽培八棱海棠的历史悠久。由于该树枝条细长、均匀且柔软，树型优美，有极高的观赏价值。但是京津冀地区应用的八棱海棠时有腐烂病发生，应引起注意。	**典型问题：** 腐烂病。 **解决办法：** 除了采用刮除法治疗外，应特别注意预防。当树势衰弱或结果过多时易造成发病，所以栽培中特别提倡花后追施含磷钾的肥料，可防止腐烂病的发生。
北美海棠	1. 喜光，耐干旱，忌渍水，在干燥地带生长良好，管理容易； 2. 抗性强，耐瘠薄，耐寒性强； 3. 原产北美，2000年左右引入我国，目前在我国华北、东北、西北、华中、华东等地都有栽培。	北美海棠（*Malus micromalus* cv. ‘American’）是系列品种的通称，主要品种有‘道格’海棠、‘火焰’海棠、‘宝石’海棠、‘凯尔斯’海棠、‘粉芽’海棠、‘绚丽’海棠、‘红玉’海棠、‘红丽’海棠、‘王族’海棠、‘雪球’海棠、‘钻石’海棠、‘草莓果冻’海棠等。因各品种株形、叶色、花色各异，在应用时应根据设计意图进行选择。	抗病性高于西府海棠和八棱海棠，尤其是在八棱海棠和西府海棠上发病严重的腐烂病，北美海棠多数品种少有发生。
毛白杨	1. 喜光，喜土壤湿润； 2. 深根性，耐旱力较强，黏土、壤土、砂壤土或低湿轻度盐碱土均能生长； 3. 分布广泛，在辽宁南部、河北、山东、山西、陕西、甘肃、河南、安徽、江苏、浙江等省均有分布，以黄河流域中、下游为中心分布区。	在应用上应注意两个问题：一是飞絮问题，提倡应用不飞絮的雄株；二是由于近年来我国北方一些城市的地下水位严重下降，导致毛白杨根系不能吸收到水分，出现了不同程度的秃梢现象，行业今后应加强毛白杨的水分管理。	**典型问题：** 毛白杨破腹病。主要发生在树干基部和中部，纵裂长度不一。春季三月份树木萌动后，逐渐产生愈合组织，但多数不能完全愈合。当树液流动时，树液不断从伤口流出，逐渐变为红褐色黏液，并有异臭。

（续）

树种	习性	栽培管理中注意事项	典型问题及其解决办法
毛白杨			**解决办法：** 加强抚育管理，提高树势，增强植株的抗逆性；冬季寒流到来之前树干涂白或缠草绳防冻；加强病虫害的防治，并保护好树干，避免人畜或其他原因造成的机械伤。
紫叶李	1. 喜阳光、温暖湿润气候，有一定的抗旱能力； 2. 对土壤适应性强，不耐干旱，较耐水湿，但在肥沃、深厚、排水良好的黏质中性、酸性土壤中生长良好，不耐碱。以砂砾土为好，黏质土亦能生长，根系较浅，萌生力较强； 3. 紫叶李原产亚洲西南部，生长于山坡林中或多石砾的坡地以及峡谷水边等处。中国华北及其以南地区广为种植。	在寒冷或风口处，紫叶李往往会在冬季冻坏树皮，若翌年春季伤口没能愈合，夏季被细菌感染后便会产生严重的流胶病，尤其是栽植于低洼积水处或土壤黏重处的紫叶李发病更严重，应用中应采取有效措施，避免流胶病的发生。实践中发现，栽植于黄河以南至长江流域的紫叶李很少发生流胶病，说明寒冷是导致流胶病的主要因素之一。	**典型问题：** 叶片易招致红蜘蛛。严重时，会造成全部叶片褐化直至脱落，进而造成树势衰弱。 **解决办法：** 应用化学杀虫剂灭杀。
樱花	1. 性喜温暖、湿润偏于的环境； 2. 要求充足的阳光，不耐阴湿，不耐盐碱，忌水涝，耐寒，耐旱，花期怕大风和烟尘。适宜在疏松、肥沃、排水良好的微酸性或中性的砂质壤土中生长； 3. 产日本、朝鲜、印度北部，中国长江流域、台湾。在世界各地都有栽培，以日本樱花最为著名。我国樱花树主要分布在：江苏、安徽、浙江、福建、山东、江西、北京、天津、湖北、山西等地。	京津冀栽培樱花的经验表明，樱花在应用中的问题有四：一是若栽植于低洼或土壤黏重的地区，会导致叶片黄化、雨季落叶、小枝枯死等问题，严重时会出现树干破损或整株死亡现象；二是樱花易罹患根癌病，特别是当连年重茬时，根癌病发病会更严重；三是樱花易招致红蜘蛛侵害；四是叶片易患穿孔病。	**典型问题：** 樱花根癌病。表现为在5～6月，樱花某些大枝上的叶片突然出现失绿，严重时整株失率甚至死亡。其挖后发现，在主侧根交界处，有若干鸡蛋大小的瘤状物。 **解决办法：** 治愈该病非常困难，重点工作应放在防上。苗圃严禁连作，园林工程进苗时严格做好检疫。也可在发病初期用农用链霉素灌根。

（续）

树种	习性	栽培管理中 注意事项	典型问题及其 解决办法
暴马丁香	1. 喜光，喜温暖、湿润及阳光充足。稍耐阴，阴处或半阴处生长衰弱，开花稀少。具有一定耐寒性和较强的耐旱力； 2. 对土壤的要求不严，耐瘠薄，喜肥沃、排水良好的土壤，忌在低洼地种植，积水会引起全株死亡； 3. 产于中国黑龙江、吉林、辽宁。生山坡灌丛或林边、草地、沟边，或针、阔叶混交林中。俄罗斯远东地区和朝鲜也有分布。	暴马丁香在过湿情况下，易产生根腐病，轻则停止生长，重则枯萎直至死亡，在实践中切忌勿把暴马丁香栽植于低洼或积水处。另外，近年来，从东北引入京津冀的暴马丁香，出现了“破肚子”的现象，应引起行业的关注，这是因为东北的暴马丁香多分布于密林中，当被挪到光照强而空气湿度又小的地方后，树皮受日灼后便发生了“破肚子”的现象。	**典型问题：** 树干“破肚子”，西侧树干表现更为严重。 **解决办法：** 尽量不栽植于西晒严重处，或冬季树干缠裹草绳，也可采用树干涂白的方法进行预防。
新疆杨	1. 喜光，不耐阴。耐寒。耐干旱瘠薄及盐碱土。深根性，抗风力强，生长快； 2. 分布于我国西亚、东北、华北、西北地区，北至内蒙古的海拉尔，新疆的克拉玛依都生长良好。	该树种强健，是北方最耐干旱瘠薄的树种之一，但土壤过于瘠薄和干旱会造成生长不良，在高温多雨地区生长不良，沼泽地、黏土地、戈壁滩等均生长不良。	未发现严重问题。新疆杨树型及叶形优美，在草坪、庭前孤植、丛植，或于路旁植、点缀山石都很合适，也可用作绿篱及基础种植材料。
河北杨	1. 适于高寒多风地区，耐寒、耐旱，喜湿润，但不抗涝； 2. 产华北、西北各省区，为河北省山区常见杨树之一，各地有栽培。多生于海拔700～1600m的河流两岸、沟谷阴坡及冲积阶地上。	在缺少水分的岗顶及南向山坡，常常生长发育不良。河北杨虫害较少，危害青杨和黑杨类较严重的杨天社蛾、透翅蛾、黄斑星天牛、芳香木蠹蛾等，甚少危害河北杨。病害主要是叶锈病。	未发现严重问题。河北杨树皮白色洁净，树冠圆整，枝条细柔平伸甚至稍垂，整体感觉清秀柔和，是庭院、行道优良树种。
核桃	1. 喜光。耐寒性较强，但有干风吹袭时易引起干梢； 2. 适生于腐殖质深厚、湿润、排水良好的谷地或山坡底部； 3. 北京广为栽培，华北和西北为主要产区。	在北京的一些机关大院，有20世纪六七十年代栽植的核桃树，生长健壮，景观效果十分优良。但由于该树分泌物对其他植物有拮抗作用，核桃树下其他植物很难存活，应引起注意。另外，在落叶后至萌芽期修剪，会引起严重的伤流，故核桃的修剪时间应在萌芽后。	**典型问题：** 经冬后抽稍。 **解决办法：** 避免栽植于风口处；秋季控制水分，防止徒长。

（续）

树种	习性	栽培管理中注意事项	典型问题及其解决办法
榉树	1. 阳性树种，喜光，喜温暖环境； 2. 忌积水，不耐干旱和贫瘠； 3. 适生于深厚、肥沃、湿润的土壤，对土壤的适应性强，酸性、中性、碱性土及轻度盐碱土均可生长，深根性； 4. 西南、华北、华东、华中、华南等地区均有栽培。	尽管京津冀地区有零星榉树栽培，甚至在一些机关大院里的胸径有的已达40cm，但是由于京津冀地区的苗圃多不培育榉树，工程用苗多来自山东或江苏，已发现这些树榉冬春季会发生严重的抽梢现象，应引起行业的注意。	**典型问题：** 冬季抽梢，严重时大枝死亡。榉树虽能适应一定的寒冷气候，但其抗逆境能力与榆树相差甚远。 **解决办法：** 栽植当年或其后3年的冬季，采用设风挡的办法防止抽梢。
小叶朴	1. 喜光，稍耐阴，耐寒；喜深厚，湿润的中性黏质土壤。深根性，萌蘖力强，生长较慢； 2. 耐寒，耐干旱，生长慢，寿命长； 3. 分布于辽宁南部和西部、河北、山东、山西、内蒙古、甘肃、宁夏、青海、陕西、河南、安徽、江苏、浙江、湖南等地。	小叶朴最易发生虫瘿病。该病有由蚜虫、双翅目和蜂类等昆虫侵袭植物组织，促进了细胞的分裂，导致增生和分化异常的结果。	**典型问题：** 虫瘿病。 **解决办法：** 虫瘿病促使叶面积减少，光合作用减弱，叶片退绿变黄，生长衰弱，提早落叶，影响到苗木的成长，且虫瘿内寄生着大量的瘤蚜，将会严重影响观赏效果。可采用将有虫瘿的叶片摘除或用酰胺硫磷、乙酰甲胺磷溶液喷洒进行防治。
青檀	1. 阳性树种，喜光，抗干旱、耐盐碱、耐土壤瘠薄、耐寒、不耐水湿； 2. 适应性较强，喜钙，喜生于石灰岩山地，常生于山麓、林缘、沟谷、河滩、溪旁及峭壁石隙等处，成小片纯林或与其他树种混生。也能在花岗岩、砂岩地区生长； 3. 产辽宁南部、河北、山西、陕西、甘肃南部、青海东南部、山东、江苏、安徽、浙江、江西、福建、河南、湖北、湖南等。	青檀是珍贵的乡土树种，树形美观，但是生长较慢，近年来，园林中偶见大规格青檀的应用，因保成活进行重剪后，树形很难恢复到未修剪水平。	除了发生榆科植物食叶性害虫外，未见其他严重问题。

（续）

树种	习性	栽培管理中注意事项	典型问题及其解决办法
马褂木	1. 喜温暖湿润气候，在深厚、肥沃、湿润、酸性土上生长良好； 2. 稍耐阴，不耐水湿，在积水地带生长不良； 3. 产于长江流域以南及浙江、安徽南部，华北中部以南能露地越冬。	园林建设中，人们对识别或应用哪种马褂木很是费解。我国有三种马褂木，一是中国马褂木，另一种是分布在北美洲的北美鹅掌楸，第三种是20世纪60年代南京林业大学培育的杂种马褂木。三者的区别是：中国马褂木叶片马褂状，小枝灰色，树皮也是灰色；北美鹅掌楸，叶片呈鹅掌状，小枝紫红色或紫色，树皮棕褐色；杂种马褂木叶片马褂状，小枝紫色，树皮棕褐色。	**典型问题：** 经常性发生无规律死亡，尤其是新栽植于风口或积水区域的马褂木。 **解决办法：** 马褂木在北京为典型的边缘树种，是死亡率最高的树种之一，实践中应尽量有条件地使用，尽量在背风向阳而又不积水的地区使用。
杜仲	1. 喜温暖湿润气候和阳光充足的环境，能耐严寒，成株在-30℃的条件下可正常生存； 2. 适应性很强，对土壤没有严格选择，但以土层深厚、疏松肥沃、湿润、排水良好的壤土最宜； 3. 杜仲是中国的特有种。分布于陕西、甘肃、河南（淅川）、湖北、四川、云南、贵州、湖南、安徽、陕江西、广西及浙江等省区。	杜仲树的生长速度在幼年期较缓慢，速生期出现在10～20年，20年后生长速度又逐年降低，50～60年后，树高生长基本停止，植株便进入衰老状态，在北京的北四环六郎庄附近20世纪七八十年代栽种的杜仲就已出现了生长退化现象。因此，在进行园林景观设计时，切勿以该树种做骨干树种。	**典型问题：** 有时招致豹纹木蠹蛾，幼虫蛀食树干、树枝，造成中空，严重时全株枯萎。 **解决办法：** 注意冬季清园，清走枯枝烂叶；冬春季树干涂抹石硫合剂；用棉球蘸熏杀型农药塞入蛀孔内毒杀幼虫。
梓树	1. 适应性较强，喜温暖，也能耐寒； 2. 土壤以深厚、湿润、肥沃的砂土较好； 3. 分布于中国长江流域及以北地区、东北南部、华北、西北、华中、西南，日本也有。	园林工程中人们很容易把梓树和黄金树混淆在一起。二者的区别是：梓树原产我国东北、华北、华南北部，以黄河中下游为分布中心。梓树树皮灰褐色、浅纵裂，蒴果细长如筷子，长20～30cm；黄金树原产美国中东部，上世纪初引种我国。	梓树仅能在深肥平原土壤生长迅速，在高温强光之处生长不良，栽种时应予注意。未发现其他严重问题。

（续）

树种	习性	栽培管理中注意事项	典型问题及其解决办法
梓树		黄金树树皮厚、红褐色、鳞片状开裂，蒴果粗壮如手指，长20～45cm。黄金树喜湿润凉爽气候及深厚肥沃疏松土壤，耐寒性比梓树差。	
楸树	1. 喜光，较耐寒； 2. 喜深厚肥沃湿润的土壤，不耐干旱、积水，忌地下水位过高，稍耐盐碱； 3. 产河北、河南、山东、山西、陕西、甘肃、江苏、浙江、湖南。河南为我国楸树的主要产区之一。	楸树枝干挺拔，楸花淡红素雅，自古以来楸树就广泛栽植于皇宫庭院。但是近年来，受苗源限制，楸树在园林中应用越来越少，而其变种‘光叶秋’用量越来越多，该种叶片大，浓绿且有光泽，但缺乏楸树的苍劲感。	**典型问题：** 楸梢螟，幼虫钻蛀嫩梢、树枝及幼干，容易造成枯梢、风折、断头及干形弯曲。 **解决办法：** 喷洒90%敌百虫，或50%杀螟松乳油，或用50%杀螟松乳油涂抹树干。
毛泡桐	1. 耐寒耐旱，耐盐碱，耐风沙，抗性很强，对气候的适应范围很大； 2. 分布于中国辽宁南部、河北、河南、山东、江苏、安徽、湖北、江西等地，日本、朝鲜、欧洲和北美洲也有引种栽培。	毛泡桐性强健，在北京以南地区生长良好，但易发生泡桐丛枝病，有的地区发病率高达80%～90%，无论是壮树还是弱树都不能幸免，但弱树发病重。	**典型问题：** 丛枝病，由类原体导致。 **解决办法：** 及时修剪病树，选用抗病良种等。
枣树	1. 喜光，对土壤适应性强，耐贫瘠、耐盐碱； 2. 耐旱、耐涝性较强； 3. 该种原产中国，分布吉林、辽宁、河北、山东、山西、陕西、河南、甘肃、新疆、安徽、江苏、浙江、江西、福建、广东、广西、湖南、湖北、四川、云南等。	在栽培中应特别注意枣疯病的防治。管理中应加强枣园管理，合理修剪，增强树势，雨季及时排水，防止果园过湿。晚秋要彻底清除落叶，并集中烧毁。	**典型问题：** 易招致枣疯病，尤其是树势衰弱时。 **解决办法：** 树干注射枣疯1号、枣疯2号，并加强土肥水管理，加强树势。
北美改良红枫系列	1. 适应性较强，耐寒（耐-35℃）、耐旱、耐湿； 2. 我国北京、河北、山东、辽宁、吉林、河南、陕西、安徽、江苏、上海、浙江、江西、湖南、湖北、云南、四川、新疆南部等地的气候均适宜，酸性至中性的土壤使秋色更艳。	美国改良红枫是从红花槭中选育的园艺变种和红花槭与银白槭杂交的自由人槭中选育的园艺变种的总称，具有一系列的改良品种。美国红枫在2000年前引入中国，以端庄、秋季满树红叶著称，但因易罹蛀干害虫，限制了其应用。	**典型问题：** 蛀杆性害虫如天牛、蛀心虫等危害红枫枝干，造成红枫大苗枯枝甚至整株死亡。 **解决办法：** 一般是在天牛成虫盛发期（夏季）用高效氯氰菊脂类杀虫剂喷树冠，间隔半个月左右喷雾一次，连喷2次；也可用乐斯本等杀虫剂和泥土封口，也可树干注射农药杀虫。

（续）

树种	习性	栽培管理中注意事项	典型问题及其解决办法
挪威槭	1. 喜光照充足，不耐夏季炎热； 2. 较耐寒，喜肥沃、排水性良好的土壤； 3. 原产欧洲，分布在挪威到瑞士的广大地区；我国可在北至辽宁南部，南至江苏、安徽、湖北北部区域内生长。	挪威槭在北京最大的问题是夏季焦叶，而在大连、青岛等夏季凉爽湿润地区几乎不发生焦叶现象，说明空气湿度低仍然是限制高纬度地区的树种在干燥炎热的中纬度地区应用的最大限制因子。	**典型问题：** 夏季叶片焦枯。 **解决办法：** 栽植于上午见全光而下午只见散射光之处。
七叶树	1. 喜光，稍耐阴；喜温暖气候，也能耐寒； 2. 喜深厚、肥沃、湿润而排水良好之土壤。深根性，萌芽力强；生长速度中等偏慢，寿命长； 3. 中国黄河流域及东部各省均有栽培。	七叶树在炎热的夏季叶片易遭日灼，但在下午阳光不直射处，表现良好，在园林建设中，应用七叶树时，应避免栽植于铺装广场及无遮挡的空旷道路两侧。	**典型问题：** 七叶树病害主要是根腐病。 **解决办法：** 在夏季雨天，应及时排除树穴内的积水，如连续阴雨天，应在停雨后及时扒土晾根，并用百菌清、硫磺粉等药剂进行土壤消毒，然后用土覆盖。
栾树	1. 喜光，稍耐半阴，耐寒； 2. 不耐水淹，耐干旱和瘠薄； 3. 中国北部及中部大部分省区，世界各地有栽培。东北自辽宁起经中部至西南部的云南，以华中、华东较为常见。	幼龄栾树易受六星黑点豹蠹蛾的危害，严重时整个树干、大枝布满虫空，失去继续培养价值，应在春季加强该虫害的防治，一旦发生这种情况后，只有平茬另培养主干。	**典型问题：** 栾树易招致蚜虫侵害，不管生长旺盛树还是衰弱树无一能幸免，主要危害栾树的嫩梢、嫩芽、嫩叶，严重时嫩枝布满虫体，影响枝条生长，造成树势衰弱，甚至死亡。 **解决办法：** 用化学杀虫剂灭杀。
黄山栾	1. 喜温暖湿润气候，喜光，亦稍耐半阴； 2. 喜生长于石灰岩土壤，也能耐盐渍性土，耐寒耐旱耐瘠薄，并能耐短期水涝； 3. 产云南、贵州、四川、湖北、湖南、广西、广东等省区。	黄山栾耐寒性不及栾树，但顶芽较栾树发达，因此较易培养良好的树形。但是京津冀地区甚至以南地区至郑州一线，园林中应用的黄山栾发生了不同程度的“破肚子”现象，应引起行业的高度注意。	**典型问题：** 树干日灼，严重时西侧树皮树干发生破损，也称“破肚子”。 **解决办法：** 栽植于上午见全光而下午只见散射光之处。

（续）

树种	习性	栽培管理中注意事项	典型问题及其解决办法
刺槐	1. 喜光，不耐阴； 2. 抗旱能力。喜土层深厚、肥沃、疏松、湿润的壤土、砂质壤土、砂土或黏壤土，在中性土、酸性土、盐碱性土上都可以正常生长； 3. 原产美国。中国于18世纪末从欧洲引入青岛栽培，现中国各地广泛栽植。	对水分条件很敏感，在地下水位过高、水分过多的地方生长缓慢，易诱发病害，造成植株烂根、枯梢甚至死亡。	除了抗风力稍差外，未发现其他问题。
白桦	1. 阳性，喜光，喜湿润气候。在湿润肥沃深厚、排水良好的中性至微酸性砂壤土上生长最好，排水不良或积水地不宜种植； 2. 耐寒，不耐盐碱； 3. 产辽宁、河北、山西、山东、江苏、安徽、浙江、江西、福建、河南、湖北、湖南、广东、海南、广西、四川、贵州、云南等省区。	近10几年来，京津冀园林应用了不少大规格白桦山苗，实践证明，成活率低，景观效果差，即劳民又伤财，应引起行业的高度注意。导致上述问题的重要原因一是白桦不耐移植，二是白桦喜冷凉湿润的环境，炎热干燥都会导致白桦死亡。2004年北京市园林科学研究所引进了东北林业大学培育的耐热白桦，经连续几代繁殖和栽培，发现该种的抗热性远远高于山苗白桦。	**典型问题：** 夏季死亡，主干被天牛危害。 **解决办法：** 北京市园林科研院的经验表明，栽植白桦圃地不能清耕，一旦有草坪或其他地被植物覆盖，基本不会出现大树死亡现象；对于天牛危害树干，可采用树干注射药液的方法进行防治。
蒙古栎	1. 耐寒冷和干旱； 2. 对土壤要求不严，酸性、中性或石灰岩的碱性土壤上都能生长，耐瘠薄，不耐水湿； 3. 产黑龙江、吉林、辽宁、内蒙古、河北、山东等省区。俄罗斯、朝鲜、日本也有分布，世界多地有栽种。	近10年来，蒙古栎做为风景树在园林中多有应用。同属树种辽东栎性状、习性与蒙古栎相似，也时被应用。在实践中人们易把蒙古栎和辽东栎混淆，从分类学上二者的区别是：蒙古栎壳斗杯形，包坚果的1/3~1/2，苞片具瘤状突起；辽东栎壳斗包坚果的1/3，苞片无瘤状突起。	**典型问题：** 叶片焦枯甚至整株死亡。 **解决办法：** 蒙古栎喜冷凉，忌干燥酷热，更忌土壤积水。近年来，京津冀地区用的丛生蒙古栎或大规格蒙古栎基本上是来自承德、赤峰的山苗，起苗带土坨非常困难，随后便导致一些列问题。在实践中应用小规格的苗木，可以规避死树现象的发生。

（续）

树种	习性	栽培管理中注意事项	典型问题及其解决办法
栓皮栎	1. 喜光，稍耐阴； 2. 适应性强。在pH4～8酸性、中性及石灰性土壤中均有生长； 3. 耐干旱、瘠薄，而以深厚、肥沃、适当湿润而排水良好的壤土和砂质壤土最适宜，不耐积水； 4. 产辽宁、河北、河南、山西、陕西、甘肃、山东、江苏、安徽、浙江、江西、福建、台湾、河南、湖北、湖南、广东、广西、四川、贵州、云南等省区。	栓皮栎是北京浅山区的主要树种。近年来在园林中偶见应用，但受苗源限制，没形成规模。该树种叶片为披针形，而且冬季叶片死亡后在树上宿留期不像辽东栎和蒙古栎那样长，故综合景观效果强于蒙古栎和辽东栎。	北京园林科研院2005年从河南引进400余株胸径7cm的栓皮栎山苗，经多年观察，未见严重问题发生。
紫叶稠李	1. 喜光，耐寒； 2. 耐干旱，抗旱性强； 3. 原产于北美洲。我国可在北至黑龙江及内蒙古南部，南至河北、山西、陕西北部，西至青海、新疆一带的区域内生长。	紫叶稠李树形优美，花前叶片为绿色，花后叶片变为紫红色，是不可多得的优良园林绿化树种。但是近年来实践中发现，该树种易患流胶病，与寒冷和降雨、积水等有关，但在湿润、肥沃疏松而排水良好的砂质壤土上生长健壮，由此看出，紫叶稠李还是喜欢温暖、湿润的气候环境。	**典型问题：** 流胶病。 **解决办法：** 将胶状物刮除后，喷施40%百菌清或甲基托布津进行防治，药业浓度为说明书的2倍。
圆冠榆	1. 喜光、耐寒、耐旱、抗高温，适合盐碱土壤生长； 2. 在土层深厚、湿润、疏松砂质土壤中生长迅速； 3. 原产俄罗斯。中国新疆、内蒙古及北京引种栽培。	圆冠榆树形饱满，观赏性强，是北方地区本科多得的优良树种。但是由于枝密，在降雨多且炎热地区，叶片易招致虫害和病害，因此建议，北京以南地区应慎重应用。	**典型问题：** 易患榆潜叶蛾和春尺蠖等食叶性害虫。 **解决办法：** 应用菊酯类杀虫剂进行喷杀。
糠椴	1. 喜光，幼苗、幼树较耐阴，喜温凉湿润气候； 2. 耐寒，虫害少； 3. 生于深厚、肥沃、湿润的土壤； 4. 产于江苏、浙江、福建、陕西、湖北、四川、云南、贵州、广西、湖南、江西、内蒙、吉林、黑龙江。	在实践中人们往往不易区分蒙椴、糠椴、紫椴。分类学上三者的区别是：叶片大，并且叶背面密生白色星状毛者是糠椴，也叫大叶椴；叶片小，叶背面光滑，且通常具3浅裂者是蒙椴，也叫小叶椴；而叶片小，叶背面光滑，不具3浅裂者是紫椴。在园林实践中，三种椴树都有应用，习性也相似，但是应注意，糠椴树体高大，而蒙椴树体较小，紫椴处于二者之间。	**典型问题：** 树干日灼，严重时西侧树皮树干发生破损，也称“破肚子”。2003年，北京园林科研所从北京云蒙山引进400余株糠椴栽植于苗圃，2年后，全部发生了“破肚子”现象。 **解决办法：** 栽植于上午见全光而下午只见散射光之处。

（续）

树种	习性	栽培管理中注意事项	典型问题及其解决办法
文冠果	1. 喜阳，耐半阴，对土壤适应性很强，耐瘠薄、耐盐碱； 2. 抗寒能力强，抗旱能力极强； 3. 不耐涝、怕风，在排水不好的低洼地区、重盐碱地生长不良； 4. 分布在内蒙、陕西、山西、河北、甘肃等地，辽宁、吉林、河南、山东等省均有少量分布。	文冠果生性强健，在北京园林科学研究院院内的一株文冠果，20年内，没进行任何管理，但照样开花结实，没有病虫害发生。近年来，文冠果被做为生物质能源植物，在三北地区有大面积栽培。	除幼苗易患根线虫病外，大苗未见严重病虫害发生。特别注意，不要把文冠果栽植于低洼积水地区。
合欢树	1. 喜光、不耐阴； 2. 对土壤要求不严格，耐干旱、贫瘠，不耐严寒，不耐涝、不耐阴湿积水； 3. 产于我国东北南部、华北、画中、华南及西南部各省区。	合欢花型奇特，树形优美，是著名的观赏树。但是由于该树易罹合欢枯萎病和溃疡病，导致园林中避之尤不及，实在是可惜，当前仍没有好办法根除这种病害，建议在园林中不宜大规模应用。	**典型问题：** 合欢枯萎病和溃疡病。 **解决办法：** 这两种病受气候条件、土质和地势、栽培环境及栽植管理的影响。高湿、多雨季节发病严重；土质黏重、地势低洼、排水不良，积水地易发病。防治办法：防治枯萎病可在根系部位喷洒40%多菌灵可湿性粉剂500倍液，或65%代森锌可湿性粉剂500倍液；防治腐烂病，可纵向在病灶处划出沟纹，然后涂抹萘乙酸脂，然后用塑料布缠裹。
皂荚	1. 性喜光而稍耐阴，喜温暖湿润的气候及深厚肥沃适当的湿润土壤； 2. 对土壤要求不严，在石灰质及盐碱甚至黏土或砂土均能正常生长； 3. 产中国河北、山东、河南、山西、陕西、甘肃、江苏、安徽、浙江、江西、湖南、湖北、福建、广东、广西、四川、贵州、云南等省区。	皂荚树综合抗性不如国槐，而且实践中发现，若移植规格过大，在1～3年内会出现生长期内叶片绿蔫、枯萎现象，有时整个大枝死亡或整株死亡，这与烂根或感染立枯病有关，应引起行业的注意。	**典型问题：** 立枯病，小苗和大株均有发生。 **解决办法：** 用多菌灵灌根，用量按说明书用量的2倍。
君迁子	1. 性强健，喜光，也耐半阴，较耐寒，既耐旱，也耐水湿； 2. 喜肥沃深厚的土壤，较耐瘠薄，对土壤要求不严，有一定的耐盐碱力； 3. 产中国山东、辽宁、河南、河北、山西、陕西、甘肃、江苏、浙江、安徽、江西、湖南、湖北、贵州、四川、云南、西藏等省区。	在实践中发现，该树种若在萌芽后移植，成活率非常低。2003年，北京市园林科学研究所因苗圃搬迁，在君迁子萌芽后移植了约200株胸径4cm的君迁子，结果全部死亡，其他一线单位，也发现了君迁子反季节移植成活率不高的问题，应引起行业的注意。	**典型问题：** 与柿子树一样，君迁子常有介壳虫发生，侵害叶、果、枝条，严重时可造成树势衰弱。 **解决办法：** 可在若虫孵化繁盛期，用10%吡虫啉可湿性粉剂2000倍液杀灭。

（续）

树种	习性	栽培管理中注意事项	典型问题及其解决办法
山里红	1. 适应性强，喜凉爽，湿润的环境，即耐寒又耐高温； 2. 喜光也能耐阴，耐旱，对土壤要求不严格，但在土层深厚、质地肥沃、疏松、排水良好的微酸性砂壤土生长良好； 3. 产黑龙江、吉林、辽宁、内蒙古、河北、河南、山东、山西、陕西、江苏。	山里红是山楂的大果型变种。山里红既是果树又是观赏树，主要品种有大金星、大棉球、大五棱等。山楂树，在分类学上指的是野生的原种，该种花白色，单瓣，果小，在华北平原地区栽植，叶片易产生严重的黄化，观赏效果不如山里红。	**典型问题：** 山楂网纹病。主要为害枝干和果实。病菌侵染枝干，多以皮孔为中心，初期出现水渍状的暗褐色小斑点，逐渐扩大形成圆形或近圆形褐色瘤状物。病部与健部之间有较深的裂开，后期病组织干枯并翘起，中央突起处周围出现散生的黑色小粒点。 **解决办法：** 重点是喷施保护剂，可以施用下列药剂：80%炭疽福美、75%百菌清可湿性粉剂、70%代森锰锌、65%丙森锌可湿性粉剂，浓度按说明书的浓度加倍。
红枫	1. 喜半阴的环境，夏日怕日光暴晒，抗寒性较强。西晒及风口处生长不良； 2. 多生于阴坡湿润山谷，耐酸碱，较耐燥，不耐水涝，适应于湿润和富含腐殖质的土壤； 3. 产于山东、河南、江苏、浙江、安徽、江西、湖北、湖南、贵州等省。	鸡爪槭和红枫不是一个树种，红枫是鸡爪槭的变种，在园林中人们更喜欢应用红枫。二者的区别是：一是红枫的枝干为红褐色，鸡爪槭的枝干为绿色；二是红枫的枝干粗而硬，鸡爪槭的枝干细而柔软；三是鸡爪槭叶片的裂片长超过全长的1/2，但不深达基部。而红枫的裂片裂得更深，几乎达到叶柄；四是红枫的新生叶是红的，鸡爪槭的新生叶是绿的，而且秋季叶片变色时，红枫的叶片会更红些。	**典型问题：** 夏季焦叶，严重时，全株叶片焦枯，失去观赏功能。 **解决办法：** 在黄河以北地区至北京一线，应用红枫时，应栽植于上午见全光、下午不见直射光而又背风之处，可防止西晒导致叶片焦枯。在北方，有时在夏季打掉焦枯的老叶片，也能促进新叶萌发生长，并能出现满树红叶的效果，但这样往往会造成物候期紊乱，影响树体生长发育。
黄栌	1. 喜光，也耐半阴； 2. 耐寒，耐干旱瘠薄和碱性土壤； 3. 不耐水湿，宜植于土层深厚、肥沃而排水良好的砂质壤土中； 4. 产于我国西南、华北。	太行山脉多有分布，北京香山著名的红叶区即由此树种所组成。但是黄栌最易感染枯萎病，严重影响红叶景观，已经引起了高度关注。当前，世界范围内还没有好的治愈黄栌枯萎病的办法。	**典型问题：** 黄栌枯萎病。发病时叶片黄枯或先发生"绿蔫"后再干枯，严重时整个大枝或全株死亡。可在根、枝横切面上边材部分观察到完整或不完整的褐色条纹。 **解决办法：** 黄栌枯萎病不易防治。病原菌大丽轮枝菌，存于土壤中，病原菌可直接从苗木根部侵入，也可通过伤口侵入。生产上可通过避免重茬，增施微生物菌肥和磷钾肥的办法缓解黄栌枯萎病的发病程度。